色と光のはなし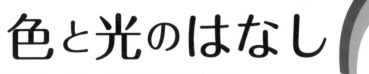

科学の眼で見る日常の疑問

稲場秀明 著

技報堂出版

書籍のコピー,スキャン,デジタル化等による複製は,
著作権法上での例外を除き禁じられています.

まえがき

　「コップの水は透明なのに湖の色はなぜ青く見えるか？」「シャボン玉はなぜ虹色に見えるか？」「花火の色はどのように作るか？」「赤いリンゴはなぜ赤く見えるか？」「秋になるとなぜ紅葉するか？」などと問われたら，私たちは何と答えるでしょうか？

　これらは，いずれも色と光が関与する問題です．本書は，このような日常のちょっとした疑問や普段何気なく見過ごしている問題を，科学の眼で見ることを意図して書いたものです．ところが，日常の身近な現象は，簡単なようで，説明が困難である場合が多いようです．本書は，そのような現象に対する説明をなるべくわかりやすく，高校生程度（一部，大学教養程度）の知識でわかるように，なおかつなるべく原理にまで遡って解説することを試みました．

　私たちは柿の実が熟したかどうかを色で判断するし，人の顔色を見て感情の変化や健康状態を読み取ろうとします．このように色を読み取ることが生きることに直結していたため，私たちの祖先は色覚を発達させました．

　ニュートンは「光線に色はない」と言いました．これは光に色があるのではなく，人間の脳が光の情報をそのように判断しているという意味です．テレビでは光の3原色である赤緑青の光を使ってあらゆる色を表現しています．例えば，赤と緑の光を混ぜると黄色になります．一方，道路のトンネルなどに使われているナトリウムランプは黄色の光を出しています．赤と緑の光の混合とナトリウムランプの黄色光とは物理的に同じ光ではありません．この両者が同じ黄色に見えるのは，光の情報を処理した私たちの脳がそのように判断しているからです．

　色の見え方には個人差があり，過去の経験や社会的文化的側面にも影響されます．また，私たちは色から心理的，生理的影響を受けています．赤や橙色には暖かさを感じ，青には冷たさを感じます．明度や彩度が高い色は陽気な感じになり，それらが低いと陰気な感じになります．

　「赤いネオンサイン」も「赤いリンゴ」も私たちの眼には赤く見えます．しかし，ネオンサインは暗闇でも輝いていますが，赤いリンゴは暗闇ではほとんど色は見えません．ネオンサインは自ら赤い光を出しているので暗闇でも赤く見えます．赤いリンゴは太陽の光か蛍光灯などの白色光が当たっていると，リンゴの皮に含まれる

アントシアニンという物質が青緑の光を吸収し，その反射光は青緑が欠けた光となり私たちの眼に入るので赤く見えます．このように，私たちが見ている色は光そのものの色を見ている場合と物体に光が当たって反射した色を見ている場合とがあります．また，同じ青でもコバルトブルーの青と南米に生息するモルフォチョウの羽の青の原因は違います．コバルトブルーは顔料の一種で赤色の光を吸収するので青く見えます．モルフォチョウは色素を持つのではなく，羽に鱗粉が敷き詰められ，鱗粉にはリッジという多層の棚構造があり，多層膜構造による光の干渉によってみごとな青色に見えます．このように色素によって色が着く場合と光の干渉などによる構造色とがあります．

宝石の価値は，透明度，色の輝き，光の反射のぐあい，希少かどうかなどによって決まります．宝石は単に色が美しいだけでなく，強い表面反射や大きい屈折率による干渉色によって色の輝きが増します．本書では，宝石の色の原因やその種類による色の付き方の違いについて述べます．

私たちは紙や衣類などに色を着けたいときは，染料か顔料を使います．染料は分子として，顔料は粒子として着色します．日本画や油絵は顔料，インクや食紅などは染料を使用します．染料と顔料による色の違い，色を呈する原理の違い，色持ちの良さなどについて述べます．

私たちは光源として白熱電球，蛍光灯，LED照明，ナトリウム灯，水銀灯などを使います．それぞれの発光原理，特徴，効率，使われ方などについて述べます．最近，光を用いた新しい技術が各方面で応用されています．光触媒を用いた汚れを自然に除去する窓ガラスや壁，曇らない鏡，空気浄化装置，医学への応用について述べます．また，光ファイバー通信やファイバースコープの仕組みについても述べます．

動物は食物としての獲物，捕食者，交尾の相手を色によって認識しています．色の認識は動物の生存に直結しています．動物の色の認識の仕方，魚の色の変化，ホタル，ウミホタル，ホタルイカの光る方法などについて述べます．

植物は季節によって若葉の黄緑色から緑へそして秋の赤または黄と変化します．花には多様な色があり季節や時間帯によってさまざまに変化します．葉の色変化の理由，アジサイやアサガオの花の色の変化の仕組み，海藻がいろいろな色を持つ理由について述べます．

本書は疑問形で書かれた問題に関して解説されていますが，はじめから順に読み進めてもよいし，関心がある話題について拾い読みしてもよいようになっています．

したがって，どこから読み進めても結構です．また，解説の終わりには「まとめ」が数行で書かれています．疑問形で書かれた問題に関する回答を自分で考えて「まとめ」を読んで比較するのもよいし，解説を読んで自分が理解した内容を「まとめ」と比較してみるのもよいかも知れません．

若者の読書離れ，理科離れが言われる今日，日常の何気ない現象に目を留め，「なぜ？」という疑問を持つこと，そして子どもが発信してくる疑問に大人が答えることができることが求められます．その答え方しだいで子どもたちは自然や身近で経験する現象に対する関心を深め，好奇心を広げ，世界の広がりと奥深さを感じるに違いありません．

「科学の眼で見る日常の疑問」という視点は，筆者が転職して千葉大学教育学部に勤務しはじめた当初から教員を目指す学生に求めた視点でした．当時の稲場研究室に属した学生諸君の一部には卒論でも自ら疑問を見出し，それについて調べて発表してもらいました．本書を出版することができたのは，当時の研究室での議論での問題意識が基礎になっています．当時の共同研究者であり現在千葉大学教育学部准教授の林英子さんおよび当時の学生諸君に感謝したいと思います．

本書の出版を認めてくださった技報堂出版（株）編集部長の石井洋平氏および直接編集に携わってくださり有益な助言をいただいた同社編集部の伊藤大樹氏に深く感謝したいと思います．

本書は，筆者の孫である三浦隆明（たかあき）君および稲場咲樹美（さきみ）ちゃんに捧げたいと思います．隆明君は中学2年生，咲樹美ちゃんは4才ですが，二人を日本の将来を担い，21世紀後半を生きるであろう少年少女の代表とさせていただきたいと思います．隆明君は昨年『空気のはなし』と『エネルギーのはなし』の本を出したときに，難しい用語は事典で調べるなどして2冊とも通読してくれました．本書は「空気のはなし」よりはかなり難しい内容も一部ありますが，隆明君がどこまで読めるか楽しみです．

2017年7月

稲場 秀明

《著者紹介》

稲場 秀明（いなば・ひであき）

1942 年	富山県生まれ
1965 年	横浜国立大学工学部応用化学科卒業
1967 年	東京大学工学系大学院工業化学専門課程修士修了
同　　年	ブリヂストンタイヤ（株）入社
1970 年～	名古屋大学工学部原子核工学科助手，助教授を経る
1986 年	川崎製鉄（株）ハイテク研究所および技術研究所主任研究員
1997 年	千葉大学教育学部教授
2007 年	千葉大学教育学部定年退職

工学博士

主な著書

　エネルギーのはなし―科学の眼で見る日常の疑問，技報堂出版，2016
　空気のはなし―科学の眼で見る日常の疑問，技報堂出版，2016
　氷はなぜ水に浮かぶのか―科学の眼で見る日常の疑問，丸善，1998
　携帯電話でなぜ話せるのか―科学の眼で見る日常の疑問，丸善，1999
　大学は出会いの場―インターネットによる教授のメッセージと学生の反響，
　　大学教育出版，2003
　反原発か，増原発か，脱原発か―日本のエネルギー問題の解決に向けて，
　　大学教育出版，2013

趣味はテニスと囲碁
千葉市花見川区在住

目　次

第1章　光　　　　　　　　　　　　　　　　　　　　　　　　　　　1

- 1 話　光は波か粒子か？ ----------- *2*
- 2 話　光の速度はどのように測るか？ ----------- *4*
- 3 話　池に落ちたゴルフボールはなぜ浅くに見えるか？ ----------- *6*
- 4 話　鏡でなぜ像が見えるか？ ----------- *8*
- 5 話　私たちはなぜ可視光線しか見えないか？ ----------- *10*
- 6 話　赤外線とはどんな光か？ ----------- *12*
- 7 話　紫外線とはどんな光か？ ----------- *14*

第2章　色の見え方　　　　　　　　　　　　　　　　　　　　　　17

- 8 話　光の3原色とは？ ----------- *18*
- 9 話　色の3原色とは？ ----------- *20*
- 10 話　眼の仕組みと視細胞の働きは？ ----------- *22*
- 11 話　光を感じる仕組みは？ ----------- *25*
- 12 話　色を感じる仕組みと視覚を伝える神経伝達は？ ----------- *27*
- 13 話　色の知覚は客観的なものか？ ----------- *30*
- 14 話　色は人の心の動きにどのような影響を与えるか？ ----------- *33*
- コラム　色の表現 ----------- *36*

第3章　水と色　　　　　　　　　　　　　　　　　　　　　　　　37

- 15 話　コップの水は透明なのに海や湖の色はなぜ青いか？ ----------- *38*
- 16 話　海や湖の色は何で決まるか？ ----------- *40*
- 17 話　ホースで水をまいて虹を作れるか？ ----------- *42*
- 18 話　シャボン玉が虹色に見えるのはなぜか？ ----------- *44*
- コラム　白浜が海水に濡れるとなぜ黒っぽくみえるか ----------- *46*

第4章　宝石の色　　　　　　　　　　　　　　　　　　　　　　　47

- 19 話　ダイヤモンドにはなぜ透明なものと色がついたものがあるか？ ----------- *48*
- 20 話　サファイアの色の原因は？ ----------- *50*

21 話　ルビーの色の原因は？ ------------ 52
22 話　水晶の色の原因は？ ------------ 54

第5章　色素と染料　　　　　　　　　　　　　　　　　　　57

23 話　色素と染料と顔料は何が違うか？ ------------ 58
24 話　天然の染料はどのように染めるか？ ------------ 60
25 話　染料はどのように繊維に着いて色を出すか？ ------------ 62
26 話　染料が色を出す理由は？ ------------ 65
27 話　漂白でなぜ色が白くなるか？ ------------ 67

第6章　顔　　料　　　　　　　　　　　　　　　　　　　　69

28 話　顔料とはどのようなものか？ ------------ 70
29 話　無機顔料はどのようにして色が出るか？ ------------ 72
30 話　有機顔料の特徴は？ ------------ 74
31 話　化粧品用の顔料はどのように用いられるか？ ------------ 76
32 話　プラスチックはどのように着色されるか？ ------------ 79
33 話　カラープリンター用インクで染料と顔料では何が違うか？ ------------ 81

第7章　発　　光　　　　　　　　　　　　　　　　　　　　83

34 話　白熱電球の光はなぜ赤みがかって見えるか？ ------------ 84
35 話　蛍光灯はどのように光るか？ ------------ 86
36 話　水銀灯やナトリウム灯はどのように光るか？ ------------ 88
37 話　花火の色はどのようにして作るか？ ------------ 91
38 話　発光ダイオードはどのように光るか？ ------------ 93
39 話　発光ダイオードはどのように利用されるか？ ------------ 95
40 話　レーザー光線はどんな光か？ ------------ 98
41 話　犯罪捜査に使われるルミノール反応とは？ ------------ 101

第8章　光を利用した技術　　　　　　　　　　　　　　　　103

42 話　光触媒の原理と仕組みは？ ------------ 104
43 話　光触媒はなぜ壁や窓ガラスなどの汚れを除去できるか？ ------------ 106
44 話　光触媒はなぜ防臭や空気浄化に使えるか？ ------------ 108

45 話	なぜ光触媒で曇らない鏡ができるか？	*110*
46 話	光触媒はなぜ医療にも使えるか？	*112*
47 話	光は真っ直ぐ進むのに 曲がった光ファイバーでなぜ通信できるか？	*114*
48 話	ファイバースコープの仕組みは？	*116*

第9章　食品と色　　　　　　　　　　　　　　　　　　　　119

49 話	果実は熟するとなぜ色づくか？	*120*
50 話	赤ワインなどに含まれるポリフェノールは健康によいか？	*122*
51 話	食肉は色でどのように評価されるか？	*124*
52 話	白身魚と赤身魚は何が違うか？	*126*
コラム	食品の着色料	*128*

第10章　暮らしと色　　　　　　　　　　　　　　　　　　　129

53 話	鉛筆でなぜ字が書けるか？	*130*
54 話	ボールペンでなぜ字が書けるか？	*133*
55 話	液晶カラーテレビの仕組みは？	*136*
56 話	デジタルカメラの仕組みは？	*138*
57 話	光で色が変わる調光ガラスとは？	*141*
コラム	ガスコンロにみそ汁をこぼしたときの発色	*144*

第11章　動物と色と光　　　　　　　　　　　　　　　　　　145

58 話	動物は色をどのように認識しているか？	*146*
59 話	魚の色は何によるか？	*149*
60 話	魚の色はどのように変化するか？	*151*
61 話	ホタルはどのように光るか？	*154*
62 話	ウミホタルとホタルイカはどのように光るか？	*156*
63 話	モルフォチョウはなぜ鮮やかな青色か？	*158*
64 話	動物の体の色はどのように形成されるか？	*160*
コラム	昆虫の視力と色覚	*162*

第12章　植物と色　　　　　　　　　　　　　　　　　　　163

65 話　黄緑色の若葉はなぜ日々緑色が濃くなるか？ ----------- *164*
66 話　秋になるとなぜ植物は紅葉または黄葉するか？ ----------- *166*
67 話　花にはなぜさまざまな色があるか？ ----------- *169*
68 話　アジサイの花はなぜ変化するか？ ----------- *171*
69 話　アサガオの花の色はどのように変化するか？ ----------- *173*
70 話　陸上植物は緑色なのに海藻はなぜいろいろな色を持っているか？ ---------- *175*
コラム　白い花と大根の色 ----------- *178*

第1章

光

光には波としての性質があるため，鏡で後ろのものが見えたり，池に落ちたゴルフボールが浅く見えたり，シャボン玉が虹色に見えたりする．眼に見える光だけでなく，眼に見えない光もある．この章では，光の粒子としての性質，光速の測り方，私たちはなぜ可視光線しか見えないのか，眼に見えない赤外線や紫外線についても述べる．

1話 光は波か粒子か？

　光は波か粒子かについて歴史的に長く議論されてきた．17世紀にニュートンは太陽の光がまっすぐに進んでくることから粒子だと唱えていた．その後，グリマルディは光の回折現象を発見，フレネルは光の波は波長が極めて短い波だとの考えに基づいて，光の干渉，反射，屈折について物理法則を打ち出した．19世紀には，ヤングが干渉縞から光の波長を計算し，波長が $1\,\mu\mathrm{m}$ 以下だという値を得た．ここで，光の粒子説はしぼみ，波動説が有力となった．さらに，マクスウェルは「光は波で電磁波の一種である」と予言し，磁場と電場は表裏一体とする電磁気理論やマクスウェルの方程式を提出した．こうして，光の研究に可視光以外の「電磁波」の概念が持ち込まれることになった．そういう流れの中で「光は粒子である」という説は姿を消した．

　ところが20世紀に入ってアインシュタインによる光電効果の実験によって，光は粒子の性質も持つことが分かった．金属に光を当てると表面から電子が出てくる現象は光が粒子であると考えないと説明ができない．さらに，電子線回折が予言され，実験により確かめられると，電子も粒子性のほかに波動性も持つことが明らかとなった．アインシュタインの光量子論のポイントは，光のエネルギーは光の振動数（振動数＝光速÷波長）に関係すると考えたことである．そして，

$$E = h\nu \tag{1}$$

という式を導出した．ここで，E は光のエネルギー，h はプランク定数，ν は光の振動数である．アインシュタインは，光電効果の実験から求めたプランク定数と，プランクが電磁波の研究から求めた定数がピタリと一致することを見出した．式(1)で，光の波としての性質，振動数が光の粒子としての性質，エネルギーと深く関係している姿が現れている．つまり「波でもあり粒子でもある」という光の二面性を説明したのである．こうした粒子の波動性の研究は，ド・ブロイによって深められ，光子以外の粒子（電子，陽子，中性子など）も，光速に近い速さで運動しているときは波としての性質が出てくることが明らかにされた．ド・ブロイは，すべての粒子は粒子としての性質，運動量 p のほか，波としての性質，波長 λ も持っていて，

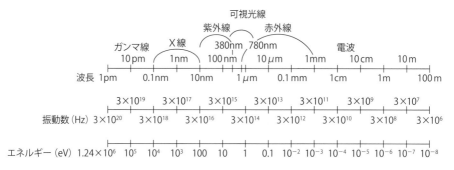

図1 電磁波の分類と波長，振動数，エネルギー

$$\lambda p = h \tag{2}$$

の関係を導出した．さらに，ハイゼンベルクの不確定性原理の仮説を経て量子力学の体系の中で電子や光の持つ粒子と波動の二重性が確固としたものになった．「光は波か粒子か」いう問いに対しては，今日「光は波であり粒子でもある」というのが正しい答えになる．

波の一周期の長さが波長，波の高さが振幅，単位時間にある波の数が振動数である．図1は電磁波の分類と波長，振動数，エネルギーを示している．通常光というと紫外線，可視光線，赤外線を指すが，X線，ガンマ線，マイクロ波，電波も光と似たような性質を持つ電磁波である．図1において「光は波であり粒子でもある」性質が現れているのが，波長や振動数の値がエネルギーと同じ座標軸に表されていることである．例えば，1μmの波長の近赤外線のエネルギーが1.24 eVである．図1では，式（1）から予想されるように波長が短いほどエネルギーが大きくなっている．

> **まとめ**　光は波か粒子かについて歴史的に長く議論されてきた．光の干渉，反射，屈折などは波としての性質をよく表している．光電効果の実験によって，光は粒子の性質も持つことが分かった．結論として，光は電磁波の一種で波であり粒子でもあり，電子などとともに量子力学の体系の中で説明される．

2話 光の速度はどのように測るか？

　光の速度とは，光が伝播する速さのことである．光は人間が見たり音など五感で感じられるすべてのものの中で圧倒的に速いので，光は光源から放たれた瞬間に見える．

　古くから光の速度は無限大と考えられていた．ガリレオは，光の速度は有限だと考え，遠く離れた2か所に置いたランプの合図を用いて光速度を測定する実験を行った．しかし，この方法では光速があまりに速く，当時のいかなる計測器でもわずかな時間を正確に測ることができなかった．

　17世紀にレーマーは，周期的であるべき木星の衛星の食（木星の影に入ること）が，地球と木星の位置関係により時間がずれることを利用して光速を測定し，214 300 km/sという値を得た．これは正確な値に対して3割ほど小さな値であるが，光速の測定に成功した最初の例である．

　18世紀にブラッドレーは，地球の公転運動により恒星の見かけ上の位置が移動することから光速を求めた．結果は299 042 km/sであった．

　19世紀にフィゾーは，地球上での初めての測定を行った．**図2**に示すように，回転歯車で断続した光パルスをつくり遠距離を往復させ，回転速度の変化により往復後に歯車を通過できるかで明暗が変わることを利用した．計算方法は，歯車の数をnとし，歯車の回転周期をNとすると，光の往復時間は$n \times N$と表され，光の往復距離は$2L$なので，光速は$2L/Nn$として得られる．結果は315 300 ± 500 km/sという値であった．

　マクスウェルの方程式によれば，電磁波の伝播速度は$1/(\varepsilon_0 \mu_0)^{1/2}$で与えられる．ここで，$\varepsilon_0$は真空の誘電率，$\mu_0$は真空の透磁率である．マクスウェルはこの式を観測ではなく理論から導いたが，当時判明していた真空の誘電率と透磁率の値を代入すると，真空中の電磁波の速度が約30万km/sとなり，フィゾーが測定した光速度とほぼ一致した．このことから，マクスウェルは当時正体がよく分かっていなかった光の性

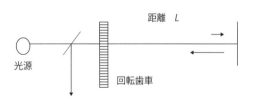

図2　回転歯車による光速測定
　　　［出典：東北大学　光物性物理研究室・吉澤グループ　ホームページ］

質が電磁波の一種であることを提唱し，それが後にヘルツによって実証された．これは，実験による計測が理論の妥当性を証明し，科学の進歩に貢献したよい例といえる．

さらに，フーコーは遠距離を往復した光を回転鏡で反射させ，鏡が静止している場合と回転している場合では反射光の位置が異なることを利用して測定した．結果は 298 000 ± 500 km/s であった．

20世紀に入ってマイケルソンは，八角柱の回転鏡を用いて断続した光パルスを作り出し，遠距離を往復させ，回転速度により往復後の反射光の方向が変化し明暗となって観測されることを使って光速を測定した．結果は 299 796 ± 4 km/s で，この種の方法では最も精度が高い結果を得た．

さらに，エベンソンは，安定化したレーザーの周波数と波長の精密測定から光速を測定した．周波数 f は原子時計との比較から決定し，波長 λ は干渉を用いて精密計測し，$c = f\lambda$ により，光速を計算した．結果は 299 792 458.0 ± 1.2 m/s で，誤差は長さ基準の不確かさによる．

1983年の国際度量衡総会で，長さの単位メートルを光速によって定義することになった．これにより，真空中の光速が 299 792 458 m/s と定義され，1 m は光が 1/299 792 458 秒間に真空中を進む距離とした．この場合の「光」とは，人間が目で見て知覚することのできる可視光線はもちろんのこと，赤外線や紫外線，X線やガンマ線など，すべての周波数の電磁波を指す．

光の速度は「1秒で地球を7周半する」とよくいわれる．この表現は光の速度がどの程度速いかを直感的に分かるようにするためのものである．光は直進するので，実際に光が地球を7周半することはあり得ない．

まとめ 光の速度は最初に天体までの距離と天体観測から測定された．その後，光が長い距離を往復する距離と時間測定から得られた．最も精度の高い光速の測定は安定化したレーザーの周波数と波長の精密測定から得られた．光速の測定精度がよくなり長さの測定精度のほうが問題となったため，真空中の光速は国際的に 299 792 458 m/s と定義された．

3話　池に落ちたゴルフボールはなぜ浅くに見えるか？

ゴルファーが打ったボールが池の浅いところに落ちたとする．そのボールをそのまま打つかどうかは難しい判断になる．なぜならボールの位置は私たちの眼には実際の位置より浅いところにあるように見えるからである．

その理由を知るには，光が空気と水面との界面で屈折する現象を理解する必要がある．コップの水中のストローが折れ曲がって見えたり，お風呂やプールの中で自分の手足が短く見えたりするのも光の屈折による．また，虹が見えたり，蜃気楼や逃げ水が見えたりするのも光の屈折による．

図3は空気から水の界面で光が屈折する様子を示したものである．入射角をi，屈折角をrとすると，

$$\sin i / \sin r = v_1/v_2 = n_{12} \tag{3}$$

というスネルの式が成立する．ここで，v_1とv_2は媒質1と媒質2における光速，n_{12}は媒質1と媒質2の間の相対屈折率である．屈折率nは物質によって決まっていて，真空では1.0000，空気は1.0003，水は1.3334，ガラスは1.4585，ダイヤモンドは2.4202である．真空中での光の速度をcとすると，屈折率nでの光の速度はc/nとなる．ダイヤモンド中での光速は真空中に比べて41％程度に減速することになる．式（3）を用いて，n_{12}がn_2/n_1となることを示すことができる．原子や分子が密に配列している硬い物質ほど屈折率が大きく，光が大きく曲げられる．

ここでゴルフボールの問題に戻る．光が水面で屈折するとき，$\sin i/\sin r$の値が空気と水の屈折率の値より，1.3334/1.0003 = 1.333となるので，かなり光路が曲がることになる．ここで，白丸は実際のゴルフボールの位置，斜線で示したのが人間が判断したボールの位置である．こ

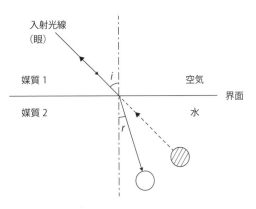

図3　空気と水の界面で光が屈折する様子と池に落ちたボールの見え方

の場合にゴルファーの眼は空気側にあるから，**図3**に示すように，ゴルボールから出た光が図の実線の経路で曲げられてゴルファーの眼まで届くことになる．人間の眼からすると，光が実線の経路からきたとは思わず，破線の経路で直進してきたと思い，斜線の位置にボールがあると判断する．したがって，ボールの位置を浅めに判断しているので，ゴルファーが自分の眼が判断した位置より深めにクラブを振らないとボールに当たらないのである．

このように，屈折の理解によって私たちが身の回りで見ている現象が説明できたわけであるが，では光はなぜ屈折するのだろうか．それに答えるためには，屈折率が大きい媒質では光の速度が c/n となぜ遅くなるのかを理解しなければならない．真空中では何も障害物がないため光の進路を邪魔するものがない．空気中では空気や塵などが光の進路を多少なりとも妨害する．水中やガラスでは分子がさらに密集しているため光の進路を妨害するので光の速度が遅くなるのである．それで，光が屈折するのは最短距離を進むのではなく，回り道をしてもより通りやすい経路を取ると考えることができる．17世紀にフェルマーが「光は最短経路ではなく，最短時間で到達できる経路を取る」ことを見つけた．最短時間で到達できる経路を取った結果が**図3**で示されるような屈折現象となると考えることができる．

⓶⓵⓸ 光が水中に進行するとき，水の屈折率が空気より大きいので光路が水中深い方向に屈折する．人間の眼は空気側にあるのでゴルフボールから出た光が曲げられて眼まで届くが，人間の眼は光が屈折してきたとは思わず直進してきたと思う．それで，空気側の経路の延長線上から光がきたと判断し，実際より浅い位置にボールがあると判断する．

4話　鏡でなぜ像が見えるか？

　鏡にものが映ったり，窓ガラスに顔が映ったりするのは，光が反射するために起こる．電車に乗っているとき，窓ガラスがまるで鏡のようになることがある．外が明るいときは，ただの透明な窓ガラスだが，電車がトンネルの中に入ったり外が暗くなると，窓ガラスに顔が映るようになる．これが鏡にものが映る理由を知るためのヒントである．ガラスの表面はつるつるしていて，表面で光を反射する．しかし，昼間は，窓ガラスの向こう側からくる光が，反射の光よりもはるかに強いために，反射した光はよく見えない．夜になって外が暗くなると，ガラスの表面で反射している光が見えてくる．このことは，ガラスの後ろに黒い紙と白い紙を置いて比べてみるとすぐ分かる．鏡がよく映る理由は，これとよく似ている．鏡はガラスの後ろに，銀やアルミニウムが薄く塗ってある．銀は，光をほぼ100％反射する．もちろん，ガラスの表面も光を反射しているが，銀の反射のほうが強いため銀の反射したものだけがはっきり鏡に映って見える．普通はあまり気がつかないが，鏡に映ったものをよく見ると，ガラスの表面に映ったものと裏の銀に映ったものが両方見えている．鏡に映ったものがほんの少しだけ二重に見えている．

　鏡は透明ガラスを原料としている．ガラスを用いると滑らかで平らな境界面を得られるからである．そして，ガラスの一方の面に銀を沈着させ，すべての光を反射するようにしている．この鏡面反射は，境界面の凹凸が光の波長380から780 nmに比べて十分小さいときに起こる．鏡に金属膜を使う理由は，金属には自由電子があり，光をほぼ100％反射するからである．金属の表面に光があたるとき，自由電子は光の振動数に従って振動する．このとき，光のエネルギーは自由電子の振動に使われるが，自由電子はもとの光と同じ振動数の光を再放出する．結果的に，光は自由電子に遮断されて金属の中へ入っていくことができず，すべて跳ね返される．このためほぼ光を100％反射し，金属光沢が生じる．

　私たちは前にあるものしか見えないが，鏡に映せば後ろのものが見える．私たちは後ろのものが見えない理由は，後ろから出た光が私たちの眼に入ってこないからである．ところが，自分の前に鏡を置くことで，後ろからきた光が反射して眼に届き，後ろのものが見える．**図4**で自分の眼がA点にあるとする．光は鏡の面で入射角と反射角が等しくなるように反射する．後ろのものはB点にあるが，私たちの眼はものがB点にあるとは思わず，鏡に対してB点と対称の位置B'点からきたと判

断する．B'点は鏡に写った像で，その位置にはものがないので虚像という．ここで，私たちの眼が判断すると書いたが，正しくは脳が判断すると書くべきである．私たちの脳は光は直進すると思い込んでいるので，反射してきた光だとは思わず，直線を延長したB'点からきたと判断する．

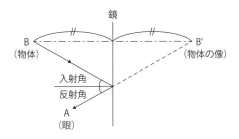

図4 鏡の反射で後のものが見える理由

　私たちがよく目にする反射鏡は，手鏡や化粧鏡である．これらは，ほとんどがガラスの裏側に金属を塗ったもので，鏡の裏側で反射するために裏面鏡と呼ばれる．光は，裏面だけでなく表面でも反射するので，映った光景は少しだけぶれて見える．一方，カメラや望遠鏡などの光学器械に使われているのは，ガラスや金属の表面で反射する表面鏡である．光を正確に反射する必要があるためである．

　自動車のバックミラーや銀行などの店内監視ミラーには，凸面鏡が使われている．これは，凸面鏡は平面鏡よりも広い範囲を映すことができるためである．一方，凹面鏡は光を集めたり，ものを大きく見せるなどの性質がある．このために懐中電灯の集光鏡や，化粧鏡の拡大鏡などに使われている．

まとめ　鏡はガラスの裏面に銀が薄く塗ってあり，そこで光をほぼ100%反射する．鏡に金属膜を使う理由は，金属には自由電子があり光をほぼ100%反射するからである．自分の前に鏡を置くことで，自分の後ろにあるものを見ることができる．それは，自分の後ろにあるものから出た光が鏡の面で反射して私たちの眼に届くためである．

5話　私たちはなぜ可視光線しか見えないか？

　可視光線とは，太陽やさまざまな照明から発せられる電磁波のうちヒトの眼で見える波長 380～780 nm のものをいう．可視光線の波長の下限は 360～400 nm，上限は 760～830 nm の範囲にある．これは，年齢や個人差による違いとされている．国際照明委員会の国際標準比視感度によれば，可視光線の範囲は 380～780 nm になる．私たちはこれより波長が短くなっても長くなっても見ることはできない．私たちはなぜ可視光線しか見えないのだろうか？

　太陽光のエネルギーのスペクトル分布を図5に示す．太陽光は表面温度が約 5 800 K でそこから発せられる放射光のエネルギー分布がAで示した破線のようになるが，オゾン，酸素，二酸化炭素などの地球の大気で一部が吸収されて，地球表面にはCで示した波長の光が降り注いでいる．可視光線より波長の短いものを紫外線，長いものを赤外線と呼ぶ．

　ヒトの眼の構造を図6に示す．光は角膜から水晶体，ガラス体を通って網膜に達する．網膜は厚さ 0.3 mm の透明な膜であるが，10層よりなり，この中に桿体細胞と錐体細胞の2種類よりなる視細胞が光を感じる．角膜では 313 nm 以下の短波長と 1 500 nm 以上の長波長の光を吸収する．また，水晶体では 380 nm 以下

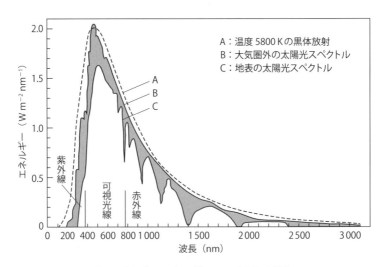

図5　太陽光のエネルギーのスペクトル分布

の一部と 780 nm 以上の光を吸収するので，網膜には 380 〜 780 nm の範囲の光しか到達しない．つまり，可視光線の光しか網膜に届かないために，私たちはこれ以外の光を感じることはできない．また，人の眼の網膜にある青色，緑色，赤色を検知する錐体細胞が可視光以外の色の光を検知できないからである．国際照明委員会の国際標準比視感度によれば，ヒトの最高感度

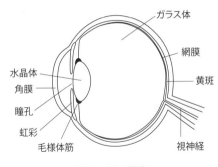

図 6　眼の構造

の波長は 555 nm で，これは **図 5** の太陽光のスペクトル分布の極大値に近い波長である．これは偶然ではなく，太陽光の多くを占める波長がこの領域だったからこそ，人間の眼がこの領域の光を捉えるように進化した結果だと解釈できる．

ただ，可視領域 380 〜 780 nm の範囲には年齢や個人によってばらつきがある．幼児は短波長側の 300 nm 近くまで見えているという説があり，年をとるほど短波長側が見えなくなるといわれている．夜の闇でも若者にはおぼろげに見えるのに老人には何も見えないのは，夜光は青い短波長の光が主だからである．

可視光線は，ヒトにとっては 380 〜 780 nm の範囲の光であるが，一部の昆虫類や鳥類など紫外線領域の視覚を持つ動物は多数ある．ミツバチは 300 〜 650 nm の範囲の光を感知し，ゴキブリは紫外部（365 nm）と緑（570 nm）に受容器があるといわれている．

> **まとめ**　可視光線は，太陽などから発せられる電磁波のうちヒトの眼で見える波長 380 〜 780 nm のものをいう．光はヒトの眼の角膜から水晶体，ガラス体を通って網膜に達して光を感じる．角膜では 313 nm 以下の光と 1 500 nm 以上の光を吸収し，水晶体では 380 nm 以下と 780 nm 以上の光を吸収するので，網膜には 380 〜 780 nm の範囲の光しか到達しない．

6話　赤外線とはどんな光か？

　赤外線は赤色光よりも波長が長く，電波よりも波長の短い電磁波で，0.78 μm～1 mm の波長ものである．1800 年イギリスのハーシェルが太陽光をプリズムに透過させ，可視光の赤色光を超えた位置の温度が上昇することから，赤外線を発見した．1850 年にはイタリアのメローニが，赤外線には可視光と同じ反射，屈折，偏光，干渉，回折がみられることを実験で示した．

　赤外線は，波長によって近赤外線，中赤外線，遠赤外線に分けられるが，波長区分は学会によって若干異なる．ここでは，近赤外線は 0.78～1.5 μm，中赤外線は 1.5～4 μm，遠赤外線は 4～1 000 μm の波長と分類する．

　近赤外線は波長がおよそ 0.78～1.5 μm の電磁波である．可視光線に近い特性を持つため，赤外線カメラや赤外線通信，家電用のリモコンなどに応用されている．赤外線は可視光に比べて散乱しにくい性質を利用して，煙や薄い布などを透過して向こう側の物体を撮影するために用いられる．また，夜間に近赤外線光源で照らしても被写体に気付かれずに写真撮影することができる．警備・防衛用途や，野生動物の観察・研究用途に用いられている．近赤外光は静脈認証や医療用の検査装置などにも利用される．静脈認証は静脈血内のヘモグロビンが近赤外光を強く吸収する性質を利用している．

　中赤外線は，波長がおよそ 1.5～4 μm の電磁波である．赤外分光の分野では，単に赤外というとこの領域を指す．すべての分子や固体，液体は熱振動をしていて，その振動数に対応した周波数の電磁波を吸収する．これを赤外線の領域で調べる手法が赤外分光法（IR 法）で，分子内部や固体，液体における原子の振動状態を通じて物質の構造に関する知見を得ることができる．特に，波数（1cm にある波の数）が 1 300～650 cm^{-1} の領域は指紋領域と呼ばれ，物質固有の吸収スペクトルが現れるため，化学物質の同定に用いられる．

　遠赤外線は，波長が 4～1 000 μm の電磁波である．赤外線は物体からは必ず放射されている．高い温度の物体ほど赤外線を強く放射し，放射のピークの波長は絶対温度に反比例する．自動ドアや自動照明などの人体検知器として遠赤外線センサーが用いられる．また，遠赤外線は室温の物体が放射する波長（8～12 μm 程度）を含むことから，調理や暖房などの加熱に利用される．

表1　赤外線の分類と用途

	近赤外線 (0.78～1.5 μm)	中赤外線 (1.5～4 μm)	遠赤外線 (4～1000 μm)
用途	赤外線カメラ，赤外線通信，家電用リモコン	赤外分光，レーザー治療	人体検知器，放射温度計，レーザー治療

　レーザー治療では，中赤外線および遠赤外線を用いて手術が行われている．水に対する吸光度は中赤外線および遠赤外線で高いので，生体組織（特に水分を多く含んだ組織）では浅い部分で赤外線の多くが吸収される．レーザー光による熱で血管が収縮するので，血が出ないのが特長である．炭酸ガスレーザ（$\lambda = 10.6\ \mu$m）やEr:YAGレーザ（$\lambda = 2.94\ \mu$m）は生体組織の切開や蒸散に利用されている．吸収係数が大きい波長の光は，表面近くで吸収されるので，一瞬にして生体は蒸気，煙となり，切開，切除される．

　放射温度計は，物体から放射される赤外線や可視光線の強度を測定する温度計である．赤外線や可視光線の強度は絶対温度の4乗に比例して増加するので，その放射エネルギー量を検知することで温度を知ることができる．ただし，物体の表面状態によって放射エネルギー量が変わるので，放射率の補正をする必要がある．

　赤外線サーモグラフィは，対象物から出ている赤外線放射エネルギーを検出し，見かけの温度に変換して，温度分布を画像表示する装置である．赤外線放射量は絶対温度の4乗に比例して増えるため，対象の温度変化を色の変化として可視化する．赤外線サーモグラフィの特徴としては，広い範囲の表面温度の分布を相対的に比較でき，動いているもの，危険で近づけないもの，微小物体，温度変化の激しいもの，短時間の現象，食品，薬品，化学製品などでも衛生的に温度計測できる．医療用としては，体表面の皮膚温度分布を測定し，それを色分布などで画像化して病気の診断に用いられている．

> **まとめ**　赤外線は波長が0.78 μm～1 mmの電磁波で，眼に見えないがその性質は可視光と同様である．赤外線カメラ，赤外線通信，家電用のリモコン，レーザー治療などに利用されている．放射温度計は，物体から放射される赤外線や可視光線の強度を測定して，物体の温度を測定する．

7話 紫外線とはどんな光か？

　紫外線は波長が 10〜380 nm で，可視光線より短く軟 X 線（低エネルギーで透過性の弱い X 線）より長い電磁波で，人間には見えない．赤外線が熱的な作用を及ぼすことが多いのに対し，紫外線は化学的な作用が顕著で，化学線とも呼ばれる．
　波長による分類法として，波長 380〜200 nm の近紫外線，波長 200〜10 nm の遠紫外線もしくは真空紫外線に分けられる．また，人間の健康や環境への影響の観点から，近紫外線をさらに UVA（380〜315 nm），UVB（315〜280 nm），UVC（280 nm 未満）に分けることもある．太陽光の中には，UVA，UVB，UVC の波長の紫外線が含まれているが，そのうち UVC は吸収が大きく大気を通過できないので UVA，UVB が地表に到達する．地表に到達する紫外線の 99 % が UVA である．
　UVB は皮膚の表面に届き，皮膚や眼に有害である．皮膚に紫外線が照射されると，コラーゲン繊維および弾性繊維にダメージを与えて皮膚を老化させる．強度の強い UVB は眼に対して危険で，雪眼炎（雪目）や紫外眼炎，白内障などになる可能性がある．保護メガネは，紫外線にさらされる環境で働く場合（電気溶接作業）や，雪山やスキー場のゲレンデなどにいる場合には有効である．UVB は日焼けを起こしたり，皮膚がんの原因になる．紫外線に対する生体の防御反応として，人間の体では茶色の色素のメラニンを分泌して皮膚表面に沈着させ，日焼けとなる．
　UVA は UVB ほど有害ではないといわれているが，長時間浴びた場合は同じように細胞を傷つけるため，同様の健康被害の原因となる．UVA は UVB より深く皮膚の中に浸透し，窓ガラスや雲を通過して皮膚の奥深くまで届き，しわやたるみなどの肌の老化を引き起こす原因になる．紫外線の有用な作用として，ビタミン D の合成，生体に対しての血行や新陳代謝の促進，あるいは皮膚抵抗力の作用，殺菌消毒などがある．
　紫外線を用いた害虫駆除装置が，羽虫などの昆虫駆除に使用される．紫外線ランプ（誘虫灯）により引き寄せられてきた昆虫は，装置の電気ショックで死亡するか，罠により捕獲される．
　紫外線ランプは生物学研究所と医療施設で場所や道具の殺菌に使用される．市販の低圧水銀灯は 254 nm の紫外線を 86 % 放射する．この殺菌用の紫外線は，DNA の隣接した塩基を二量体化する．微生物の DNA 上にこれらの欠陥が十分に蓄積すれば，微生物の増殖は抑えられ，無害になる．

表2 紫外線を利用する用途と原理

用　　途	原　　理
紫外線ランプ（殺菌）	254 nm の紫外線が微生物の DNA の近接した塩基を二量体化する→殺菌
排水処理，上水道の殺菌，食品加工での非加熱殺菌	紫外線の殺ウイルス，殺菌効果
蛍光灯（照明）	低圧の水銀蒸気のイオン化→紫外線の発生→蛍光物質の活性化→白色光の発生
フォトリソグラフィ（半導体の露光行程）	エキシマレーザーなど波長の短い紫外線利用→微細加工が可能
火災報知器	紫外線領域の発光スペクトルを検知
紙幣やパスポートなどの偽造防止	紫外線感度の高いインクで検知

　紫外線は効果的な殺ウイルス，殺菌効果がある．海外では，これを排水処理施設のみでなく，上水道の殺菌処理に使用されている．日本では塩素による殺菌を行っているが，トリハロメタンなどの発ガン性物質の生成が問題となり，紫外線による消毒が注目を浴びている．

　消費者による新鮮な食品の要求により，食品加工手法に非加熱的な方法が求められている．紫外線は，不要な微生物の除去のために，食品生産において使用されている．例えば，フルーツジュースの低温殺菌工程では，紫外線の照射が使用されている．

　蛍光灯は，低圧の水銀蒸気をイオン化することにより紫外線を作り出し，蛍光管の内側の蛍光物質は，紫外線を吸収しそれを可視光線に変える．水銀蒸気の放射する紫外線は UVC 領域であるが，蛍光物質が可視光線に変えるため危険はない．

　フォトリソグラフィは，半導体（IC, LSI）の露光工程において，微小パターン形成に紫外線を用いた露光が使用される．初期のフォトリソグラフィでは，光源に g 線（436 nm），i 線（365 nm）が使用されていたが，その後，加工構造の微細化に伴い，KrF エキシマレーザー（248 nm），ArF エキシマレーザー（193 nm），F_2 エキシマレーザー（157 nm）と短波長化が進み，さらに X 線を用いた露光装置もある．このようなフォトリソグラフィは半導体や IC のみならず，プリント基板の製造においても使用されており，紫外線はエレクトロニクス産業では広く使用されている．

　火災報知機には，紫外線の検知器が用いられる．ほとんどの物質（炭化水素，金属，硫黄，水素など）は紫外線領域と赤外線領域両者に発光スペクトルを持つ．例えば，

水素が燃える炎は，185～260 nm の範囲で強く，赤外線領域で弱く発光が存在する．石炭の炎は非常に弱い紫外線と非常に強い赤外線の波長の光を放出する．このように火災検知器は，紫外線と赤外線両者の検知器を備えたほうが，紫外線のみの検知器より信頼性が向上する．すべての炎には，多少の差はあるが UVB バンドの放射がある．火災以外の用途として，紫外線検知器は，アーク放電，電気火花，稲妻，非破壊検査に使用される．

　紙幣や重要な証明書（例えば，健康保険証，運転免許証，パスポート）には，偽造防止のため，紫外線照射時に見ることのできるマークを含むものがある．ほとんどの国が発行しているパスポートは，紫外線感度の高い蛍光物質を含むインクで偽造防止の細い線が書かれている．カラーコピーやプリンターではこれらを再現することができないので，偽造品を見分けることができる．

> **ま と め**　　紫外線は人間には見えない波長が 10～380 nm の電磁波である．太陽からの紫外線のうち UVA（380～315 nm），UVB（315～280 nm）が地表に届き，皮膚の老化，日焼け，皮膚がん，白内障の原因になる．紫外線は，殺菌消毒，蛍光灯，フォトリソグラフィ，火災報知機，証明書の偽造防止などに利用されている．

第2章
色の見え方

私たちは光や色をどのようにして認識しているのだろうか？ この章では，人間の眼の仕組み，色を感じる視細胞と神経伝達の働き，光と色の3原色，色は客観的なものかどうか，色が人の心の動きに与える影響についても述べる．

8話 光の3原色とは？

暗闇で見えるのは灯火など，それ自身が光を出しているものである．光の性質については，太陽光，電球，蛍光灯によって見え方がだいぶ違う．蛍光灯は赤色光が少ないので赤は暗く見えるが，白熱電球では赤色光が多いので赤っぽく見える．

私たちは太陽の光を色がない，または白色だと感じているが，プリズムに通すとそれが7色に分かれることを知っている．これは，人の眼で見ることのできる光（可視光線）が，380〜780 nmまでの色の光が混ざり合って白色になっているからである．

赤，緑，青の3つの光を割合を加減して重ね合わせるとあらゆる色の光を作り出せることが分かっている．それでこの3つの光を光の3原色という．原色とは，混合することであらゆる種類の色を生み出せる，互いに独立な色の組み合わせのことである．互いに独立な色とは，2つを混ぜても残る3つ目の色を作ることができないという意味である．**図7**に示すように，光の3原色のうち赤と緑の光が混ざると黄，緑と青が混ざると青緑（シアン），青と赤が混ざると赤紫（マゼンタ），赤・緑・青すべてが混ざると白になる．光は原色の色を混ぜるほど色が明るくなる．光の3原色は混合すると明るくなるので加法混合と呼ぶ．光の場合には赤・緑・青の3つの色の強度を変えて混ぜ合わせると，ほぼすべての色が再現できる．**図7**には示されていないが，例えば茶色は赤：緑：青＝128：64：64と混合すれば得られる．

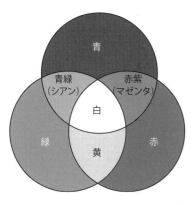

図7 光の3原色と原色の混合による色

原色は電磁波の本質的な要素ではない．国際照明委員会（CIE）が1931年に定めたCIE標準表色系は，単色の原色の定義を定め，その波長を700 nm（赤），546.1 nm（緑），435.8 nm（青）としている．テレビやディスプレイ類は光の3原色を用いて色を表現している．用いられる波長は，赤（波長：625〜740 nm），緑（波長：500〜560 nm），青（波長：445〜485 nm）である．

原色は生物の眼が可視光線に対して起

こす生理学的反応と結び付いている．天然光や照明などの光は，あらゆる波長の放射エネルギーが含まれており連続的なスペクトルを持つ．その情報は無限次元にわたるが，人間の眼はこれを赤・緑・青の3次元の情報として処理している．例えば赤と緑の光を加え合わせると黄色になるが，これは太陽光をプリズムで分光した黄色の光（波長589 nm附近）や高速道路のトンネルなどに使われているナトリウムランプ（波長589.0と589.6 nm）と同じではない．赤と緑の光を加え合わせた光は幅広い波長範囲を含んだ光である．これらが同じ色に見えるのは，人間の視細胞からの情報が視神経を経由して大脳の視覚野で判断しているためである．

　人間の眼の奥の網膜には一面に光受容細胞（錐体細胞と桿体細胞）があるが，光量が充分な場合は3種類からなる錐体細胞が反応する．錐体細胞には，長波長に反応する赤錐体，中波長に反応する緑錐体，短波長に反応する青錐体の3種類があり，それぞれの波長に最も反応するタンパク質を含む．これらが可視光線を感受することで信号が視神経を経由して大脳の視覚連合野に入り，ここで赤・緑・青の3種類の錐体からの情報の相対比や位置を分析し，色を認識している．

　色覚異常とは色の感じ方が大多数の人と違うことである．色盲とか色弱とかいわれているが，色の区別が全くつかない人は稀で，多くの人は赤と緑の区別がつきにくいタイプである．色覚異常の人は日本人男子の約5％に見られるが，女子は約0.2％で，多くの場合先天性である．フランスや北欧ではこの倍程度である．これらの人は，赤または緑の錐体細胞に異常があるので，赤系統～緑系統の色弁別に困難が生じるが，正常色覚とほぼ同程度の弁別能を持つ者も多い．

> **まとめ**　赤，緑，青の3つの光を割合を加減して重ね合わせてあらゆる光を作り出せるので，光の3原色と呼ぶ．人間の色を感じる視細胞が3種類からなることに対応している．錐体細胞には，長波長に反応する赤錐体，中波長に反応する緑錐体，短波長に反応する青錐体の3種類があり，信号が視神経を経由し大脳の視覚連合野で色を認識している．

9話 色の3原色とは？

　発光体ではない物体が見えるのは，外からそのものに当たった光の一部が反射したり透過したりして眼に入るからである．ものの見え方はそのものの性質と当たった光の性質の両方によって決まる．発光体ではない物体に光が当たったときに，ある色の光は物体に吸収されて，吸収されない色の光が反射されて眼に届くことで物体の色を感じている．たとえば，黒い物体は可視光線のほとんどを吸収するため人の眼には黒く見え，白い物体は可視光線のほとんどを反射するため人の眼には白く見えている．

　色には光のように色を混ぜていくと白になる光の3原色と，絵の具などのように色を混ぜていくと黒になる色の3原色がある．色の3原色は，青，赤，黄と呼ばれることもあるが，正しくは，青緑（シアン，C），赤紫（マゼンタ，M），黄色（Y）の3色である．シアンは空色とも表現される．色の3原色と原色の混合による色を図8に示す．シアンと黄色を混ぜると緑，シアンとマゼンタを混ぜると青，黄色とマゼンタを混ぜると赤になる．理論上ではこれらの3色を合成するとすべての色を再現できる．色の3原色は頭文字をとってCMYと表するが，混合すると暗くなるので減法混合と呼ぶ．

　私たちが身の回りの物を見るときは，その物に当たって反射した光を見ているときがほとんどである．このとき，その物に当たった光のうち，「何色の光を吸収しているか」によってその物の色が決まる．例えば，赤いリンゴは，赤の光だけが私たちの眼に届くから赤く見えているのではない．赤いリンゴは皮に490〜500 nm（青緑）の光を吸収するアントシアニンの成分を含んでいるので，図9に示すように，青緑が欠けた光が私たちの眼に届くので，赤いリンゴは赤く見える．青緑の光を吸収したリンゴの皮は光のエネルギーをもらって熱になる．

　この青緑と赤の関係は，図8においてシアン（青緑）の円の黒い部分をはさんだ反対側に赤があることを確かめることが

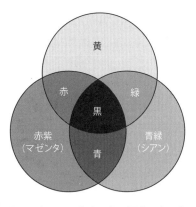

図8　色の3原色と原色の混合による色

できる．このような吸収される光と観察される色との関係を補色と呼ぶ．吸収される光と観察される色を**表3**に示す．

色の3原色を利用しているのは，カラープリンターやカラー写真である．インクジェット式のカラープリンターに装着するインクが青緑（シアン，C），赤紫（マゼンタ，M），黄色（Y）の3色である．このCMYがインクの3原色で，理想的なインクがあれば，CMYはそれぞれRGBの補色になる．現実には理想的なインクがないので，インクのCMYは加算混合でできるCMYとは若干違った色に見える．また，CMYを重ねてもすべての色をカットしきれないので，きれいな黒にはならない．そのため，印刷では黒（K）のインクが補助的に使われていてCMYKと呼ばれている．

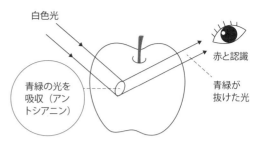

図9 赤いりんごが赤く見える理由

表3 吸収光と色および観察される色（光の補色）

吸収光の色	波長（nm）	観察される色	吸収光の色	波長（nm）	観察される色
紫	380～435	黄緑	黄緑	560～580	紫
青	435～480	黄	黄	580～595	青
緑青	480～490	橙	橙	595～605	緑青
青緑	490～500	赤	赤	605～750	青緑
緑	500～560	赤紫	赤紫	750～780	緑

㋱㋣㋕ 絵の具など色の3原色は，青緑（シアン），赤紫（マゼンタ），黄色の3色である．色の3原色は混合すると暗くなるので減法混合と呼ばれる．色の3原色はカラープリンターやカラー写真などに応用されている．赤いリンゴは，赤の光だけが私たちの眼に届いているのでなく，リンゴの皮が青緑の光を吸収し青緑が欠けた光が赤く見える．

10話　眼の仕組みと視細胞の働きは？

　眼の構造は第1章の**図6**に示した．光は，角膜を通過して眼球の中に入ってくる．角膜は，眼球正面の表面にあって透明なドーム状をしている．角膜には眼球の表面を保護する働きと，眼球の裏側にある網膜の上に光が像を結ぶのを助ける働きがある．光は角膜を通り抜けた後，瞳孔（虹彩の中心にある黒い部分）を通ってさらに奥へと進む．虹彩は，円板形をした，眼の色のついた部分のことで，中心の瞳孔をカメラレンズの絞りのように拡大させたり収縮させたりして，眼球に入る光の量を調節している．虹彩の働きにより，暗いところではたくさんの光が眼に入り，明るいところでは眼に入る光の量が少なくなる．瞳孔の大きさを調節しているのは瞳孔括約筋と瞳孔散大筋という筋肉である．虹彩のすぐ後ろには，レンズの働きをする水晶体がある．この水晶体が形を変えることで，眼に入った光がうまく網膜の上に焦点を合わせる．毛様体筋と呼ばれる小さな筋肉の働きにより，水晶体は近くのものを見るときは厚くなり，遠くのものを見るときは薄くなる．網膜に入った光は，視細胞で電気信号に変換され，網膜につながっている神経線維を伝わり，その神経線維が集まってできた視神経に達し，そこから脳に届く．網膜の中央は視細胞が密集した最も感度の高い場所で，視野の中央に相当する．人が字を判読したりするのがこの部分で，黄斑という．視力は黄斑の機能を反映している．

　網膜には桿体細胞（かんたい），錐体細胞（すいたい）の2種類の視細胞があり，この細胞を通じて視神経経由で視覚情報が大脳に送られ，視覚となる．桿体細胞は，うす暗いところで働く円柱形の視細胞で，片目の網膜上に約1億2000万個ある．桿体細胞は，うす暗いところでわずかな明暗を感じる力を持っているが，色を感じることはできない．人は暗闇の中では物を見ることができないが，眼を凝らすと少しずつ見えてきて30分もするとかなり見えてくる．これは，瞳孔が開いて眼に多くの光が入るためと，眼の感度が上がるためである．この現象を暗反応という．暗反応は暗闇に対応しようとするため，青系統の光が見えるが赤い色は見えない．暗がりで赤い色が黒っぽく見えるのはそのためである．暗がりから急に明るいところに出るときの眼の反応を明反応という．明反応の応答速度は速く1分程度である．

　錐体細胞は明るいところで働く視細胞で，片目の網膜上に約650万個ある．色を感じるのは錐体という円錐形をした視細胞であるが，光の感度は桿体の1/1 000程度しかない．錐体細胞は黄斑部に密集している．黄斑部から離れるほど，少なく

なる．黄斑部のさらに中央部分である中心窩（ちゅうしんか）には，錐体細胞のみがある．錐体細胞も，捍体細胞ほどではないにしろ，網膜全体に広く分布している．このため視野の端にあるものでも，何となく色を感じとることができる．錐体細胞は，物体から反射した光の波長を読み取って，色を認識することができる．そのかわり，うす暗がりでは，錐体細胞は働かなくなる．明るいところでは，錐体細胞のみが働き，捍体細胞は休止状態のようになる．反対に暗くなると捍体細胞のみが働き，錐体細胞が今度は休止状態になる．外界の明暗によって，どちらの視細胞にスイッチが入るかが決まる．ただし夕暮れどきなど，両方の視細胞が働くこともある．そのほか暗がりのなかであっても，一定以上の光があれば，その色を感知することができる．例えば，暗闇のなかで赤い光が点灯すれば，赤だと認識できる．これは，その光が当たっている網膜の部分では，錐体細胞が働いているからである．

　錐体細胞は色を感じる機能とものをはっきり見る機能とを持ち，主に黄斑部にある．錐体細胞の性能は650万画素のデジカメと同等である．眼で捉えた光は視神経により脳に伝達され認識される．この視神経は約120万の神経繊維で構成されている．つまり瞬間的に脳に伝達できる映像は120万画素程度である．性能が低いように見えるがそうではない．なぜなら，人間は眼に映った一瞬を脳内で結像しているわけではないからである．人間は前後数コマ分の映像を脳内で結合し，それらを脳内で画像処理することによって視界を結像している．また，伝達時にも視界全体を120万画素の精度で送っているわけではない．さっきのコマと比較して映像の変化した部分を更新し，変わっていない部分は送らず，細かく見ようとしている箇所の情報を率先して送るなどしている．また，人間の眼はピント固定ではなく，遠近にピントを合わすことができるため，画素数こそ固定であっても，望遠－マクロ調節に優れ，近くのものであればかなり細かいものも視認可能である．

　人間の錐体細胞（S，M，L）と桿体細胞（R）が含む視物質の吸収スペクトル視覚系の感度は，光の波長によって異なる．視感度は，明所視では555 nmでピーク値をとる．このときの感度を基準として，ほかの波長の光に対する感度を求めると，可視光全体に対する比視感度が求まる．暗所視では507 nmの光に対して最も感度がよくなる．暗所では感度曲線が短波長側にシフトしている．桿体細胞と錐体細胞の働きの違いを**図10**に示す．

　近距離で十分な照度条件下であれば，視力1.0の人間の目の検出限界は50 μm程度だといわれる．50 μmは2万分の1 mmで，1インチが2.54 cmであることから，人間の目が認識できるdpiは，約50万dpi（20 000 × 10 × 2.54）である

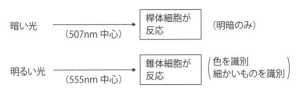

図10 桿体細胞と錐体細胞の働きの違い

ことが分かる．また，条件によって認識力は異なり，10 μm 程度の細さであっても，毛のように長いものであれば認識可能であるし，黒い紙などから漏れる光であれば，5 μm 程度でも認識可能といえる．つまり50万～500万 dpi まで対応できるといえそうである．網膜には，光を感じる細胞（視細胞）と，その細胞に栄養を与えるための血管が分布している．網膜の中で最も感度が高い部分は黄斑と呼ばれ，視細胞がぎっしりと詰まっている．このように視細胞が高い密度で配置されていることによって，黄斑では緻密な像が作られる．これは解像度の高いフィルムほど粒子密度が高いことと同様の原理である．

> **まとめ** 眼の角膜，瞳孔を通った光が水晶体で焦点を合わせられて網膜に達する．網膜には桿体細胞，錐体細胞の2種類の視細胞がある．桿体細胞は約1億2,000万個あり，暗所で感度よく働くが色を感じない．3種類の錐体細胞はそれぞれ約650万個あり，明所で働き色を感じる機能を持つ．桿体細胞と錐体細胞の情報は大脳に送られ，視覚となる．

11話　光を感じる仕組みは？

網膜内の視細胞を**図11**に示す．上方から光が入り，下方に光を感じる視細胞がある．網膜は厚さ 0.2〜0.3 mm，直径 40 mm 前後の透明膜で，数種類の細胞からなる複雑な構造をしており，光は表面層を通過して，感光性を持つ視細胞に到達する．

視細胞には桿体細胞と錐体細胞とがある．桿体細胞は錐体細胞よりもはるかに数が多く，光に対する感度も高いが，色を感じる機能はない．

眼の網膜には光受容に特化した視細胞，桿体と錐体が含まれ，それぞれには光を受容するために特別に分化したタンパク質（光受容タンパク質）が含まれる．桿体の下方の円柱状の部分にはパンケーキ状の円盤膜が何層にも重なっている．光受容タンパク質のロドプシンは分子量が4万程度で，この円盤膜に大量に埋め込まれている．同様に，錐体の円錐状の部分はひだ状の層構造になっており，この構造の中に錐体視物質が埋め込まれている．光受容タンパク質のロドプシンはアポタンパク質と発色団レチナールよりなっており，レチナールが光を吸収することによって異性化*し，タンパク質部分の構造変化を起こす．

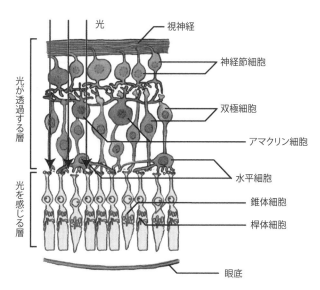

図11　網膜内の視細胞［出典：シャープ（株）　ホームページ］

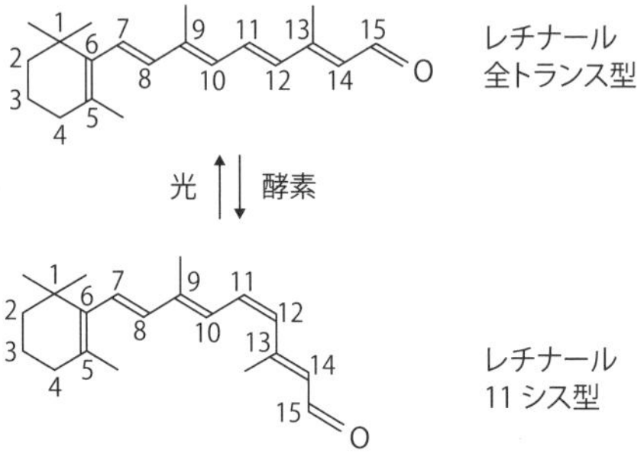

図 12 レチナールの光異性化

　レチナールの分子の形を**図 12**に示す．上側は全トランス型で，末端の酸素を還元して OH に変えたのがビタミン A の分子式になる．ビタミン A は人参などに含まれるカロテンを酸化分解して得られる．光が当たる前のレチナールは全トランス型ではなく，11 の位置からくの字に曲がった 11 シス型を取っている．この 11 シス型レチナールに光が当たると異性化*して，全トランス型レチナールになる．ロドプシンの光受容が 498 nm にピークを持った光吸収として観測されている．ということは，ロドプシンにおけるレチナールの光異性化反応が 2.49 eV のエネルギーで起こることを示している．タンパク質のロドプシン光受容タンパク質のロドプシンはレチナールを鳥に例えると鳥かごのような形をしている．レチナールが光異性化すると，ロドプシンはその変化をすぐに感じ光がきたことを感じるのである．このようにして，光照射という現象がレチナールの異性化という化学現象に翻訳される．全トランス型に変化したレチナールは色素上皮細胞にある異性化酵素によって直ちに元の 11 シス型に戻り，次の光に備える．

*異性化：分子が組成を変えずに原子の配列が変化して別の分子に変わること．

> **まとめ**　視細胞には桿体と錐体が含まれ，光を受容するための光受容タンパク質がある．桿体には光受容タンパク質のロドプシン中にレチナール分子があり，これが光に当たって 11 シスレチナールを全トランス型に変えることを通して光を感じる．全トランス型レチナールは異性化酵素によって直ちに元の 11 シス型に戻り，次の光に備える．

12話　色を感じる仕組みと視覚を伝える神経伝達は？

　視細胞には桿体細胞と錐体細胞とがある．桿体細胞は光を感じ，錐体細胞は色を感じる細胞である．錐体細胞の光受容タンパク質をフォトプシンと呼び，S-フォトプシン，M-フォトプシン，L-フォトプシンの3種類あり，それぞれ短波長，中波長，長波長の光の受容に関係している．**図11**において，桿体細胞は円柱状で，ロドプシンは円盤膜に大量に埋め込まれている．同様に，錐体細胞は円錐状で，それはひだ状の層構造になっており，この構造の中に錐体視物質のフォトプシンが埋め込まれている．

　錐体細胞の光受容タンパク質は桿体細胞と同様で，レチナールの光異性化によって光を感知し，S-フォトプシンは420 nm，M-フォトプシンは534 nm，L-フォトプシンは564 nmにピークを持つ光吸収として観測されている．これらの光吸収は，青，緑，赤の色に対応し，それぞれのフォトプシンにおけるレチナールの光異性化反応が2.95，2.32，2.20 eVのエネルギーで起こることを示している．3種のフォトプシンおよびロドプシンにおいて，鳥かごのような形のタンパク質のアミノ酸配列が微妙に違っていて，その微妙な違いが光受容タンパク質とレチナールの相互作用の微妙な違いとなり，光の波長に応じた応答の違いになるものと考えられる．ロドプシンやフォトプシンにあるレチナールに照射した光は11シスレチナールを全トランス型に変えることを通して，光がきたことを知らせた．ここで光の役目は終わりである．ここから先はロドプシンやフォトプシンが発信した情報を脳に伝えるという神経伝達の話になる．

　網膜の表面層は，**図11**にあるように，最奥にある視細胞からの信号を受けて脳に伝達する神経節細胞で覆われている．そのほか，アマクリン細胞，双極細胞，水平細胞が中層部にあり，視細胞から神経節細胞へ信号を効率よく伝達する役割を担っている．視細胞はそれぞれ神経線維につながっている．視細胞につながった神経線維は束になって視神経を形成する．網膜に結ばれた像は視細胞で電気信号に変換され，それが視神経を通って脳へと運ばれる．

　ロドプシンが発信した情報は，信号変換器であるGタンパク質を介して細胞内シグナル伝達系を駆動する．光を受容したロドプシンは数ミリ秒の間にGタンパク質を活性化する状態に変化する．Gタンパク質は$\alpha\beta\gamma$のサブユニットからなる3量体のタンパク質である．Gタンパク質はグアノシン三リン酸（GTP）と結合する

と「on」，グアノシン二リン酸（GDP）と結合すると「off」になる分子スイッチとして機能する．一般に off 状態では 3 量体として存在する．G_α 中で GDP−GTP 交換反応が起こると，G_α は $G_{\beta\gamma}$ と解離して活性状態になる．活性化したロドプシンは 1 秒間に数百の G タンパク質を活性化することができるため，大きなシグナル増幅作用がある．

神経細胞は電気的に情報を送るが，その実態は細胞膜によって能動的に作られたイオン濃度の違いにより細胞膜に電位差が生まれ，細胞膜にある種のイオンのみを通しやすくする通路を作ることで，電気信号を生み出している．この電気信号が神経細胞末端に送られるとシナプスから神経伝達物質が放出される．神経伝達物質による刺激が一定値を超えると，シナプスでつながった神経に電気信号が流れるようになる．

活性化した G_α は加水分解酵素であるホスホジエステラーゼ（PDE）に作用する．PDE は酵素活性部位である $\alpha\beta$ サブユニットとこれらと特異的に結合してその活性を抑制する 2 つの γ サブユニットからなる．G_α はこの PDE_γ に結合することによって γ サブユニットの抑制効果を解除し，PDE を活性化する．PDE が活性化すると CNG チャネルが閉じる．ここで，CNG チャネルとはイオンチャネルの一種で，細胞内外にイオンを輸送する働きをする．イオンチャネルは濃度と電位の勾配に従ってイオンを流出入させる．光を受容したロドプシンからのシグナルがこない状態では CNG チャネルは開いた状態で，細胞内に Na^+ や Ca^{2+} が流入している．シグナルがくると上記の反応が起こるため，CNG チャネルが閉じ，細胞が過分極して K^+

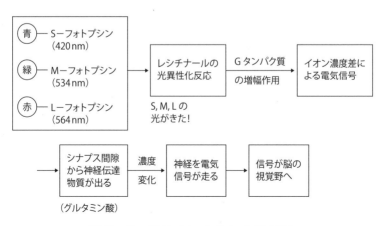

図 13 光の信号から色の知覚までに至る経路

が細胞から流れ出る．

　視細胞は暗状態では少し脱分極しており，そのシナプス末端から双極細胞などに向けて神経伝達物質であるグルタミン酸が放出されている．光を受容して上記のシグナル伝達系が働くと過分極し，グルタミン酸の放出量が減少する．この視細胞と双極細胞（**図11**を参照）との間のシナプス間隙での神経伝達物質の濃度変化による情報が伝わる．双極細胞は網膜の表面（眼球の中心側）にある神経節細胞とシナプスを作っているから，神経節細胞から視神経を経て，脳中枢へ情報が伝えられる．これは縦の連絡であるが，そのほかに複雑な横の連絡がある．これに関与する細胞に水平細胞，アマクリン細胞などがある．

　なお，左右両方の眼球から情報が脳に伝えられるが，右眼の情報は脳の左半球に伝えられ，左眼の情報は脳の右半球に伝えられる．この神経の交差点は脳の下垂体の部分になり，視交差と呼ばれる．**図13**に光の信号から色の知覚までに至る経路を示す．

まとめ　錐体細胞には光受容タンパク質，S－フォトプシン，M－フォトプシン，L－フォトプシンがあり，それぞれレチナールの異性化を通して，青，緑，赤の光に対応した光を感じる．その情報を信号変換器であるGタンパク質が増幅し，視細胞と双極細胞のシナプス間隙にある神経伝達物質のグルタミン酸濃度変化で双極細胞に伝えられ，神経節細胞から視神経を経て，脳中枢に伝わる．

13話　色の知覚は客観的なものか？

　人間が色をどのように知覚しているかは，物理学・生理学・心理学などがからみ合った難しい問題である．ニュートンは「光線に色はない」と言った．これは光に色があるのではなく，色は人の脳が勝手に判別しているだけだという意味である．例えば，私たちの脳は黄色光を見たときは，黄色として認識するが，赤と緑が合わさった光を見たときにも黄色として認識する．黄色光と赤と緑の複合光では，物理的には全く波長の異なる光であるが，眼で見て脳で認識する色としては，どちらも黄色になる．私たちの脳はある光を受けたときに，光源の色や眼の表面などでの反射，視細胞で光を受けたときの化学反応，視神経に伝わったときの感覚刺激，脳の視覚野に伝わった色情報の脳内での分析，心理的環境要因などがからみ合って，ある種の色として認識している．

　人の眼は，広い照度範囲に対応するために，瞳孔径の調節では不十分なので，桿体細胞および錐体細胞で役割を分担し，網膜の感度を大幅に変えている．暗い光で，桿体細胞のみが働く暗所視，薄明るく桿体細胞および錐体細胞が働く薄明視，明るい光で錐体細胞のみが働く明所視とがある．暗所視，薄明視，明所視と移行するのに伴って，同じ物体でも，色の見え方が変わる．昼間は赤や黄を鮮やかに感じ，青や緑は黒ずんで見える．夕方は青や緑が鮮やかに見え，赤や黄が暗く見える．

　人間の眼の色の知覚について，「3原色説」と「反対色説」がある．網膜には赤・緑・青に応答する3種類のセンサーがあり，その応答量の割合で色を感じるというのが，3原色説である．3原色説は赤・緑・青の光の混合で，ほとんどの色が再現される事実やカラーテレビ，写真，印刷などは，3原色説に基づいている．一方，網膜には，赤－緑，黄－青，白－黒に応答する3種類のセンサーがあり，その応答量の割合で色を感じるというのが，反対色説の考え方である．これは「黄色味の赤色はあるが，緑色味の赤色はなく，緑と赤は反対色である」という経験的事実による．

　3原色説と反対色説は，どちらも色覚現象を矛盾なく説明できる．それで，錐体細胞では3色応答があり，そこで発生した電気信号が視細胞の中層部にある各種細胞によって，反対色説に従うような信号処理を施されて，脳に伝達されるという「段階説」も有力である．

　色は光によってもたらされるが，光自体は感覚器官に刺激を与えているに過ぎない．したがって，同じ光をどのような色として感じているかは人によって違ってい

る可能性がある．しかし，人間に限れば，各人の感覚器官（視細胞など）は同じものなので，同じ光の刺激による信号は基本的には同じと考えられる．そうであれば，その信号を数値化して表すことは可能であると考えられる．

　色はいろいろな要素を持っている．同じ赤でも明るい赤と暗い赤があり，鮮やかな赤もあればくすんだ赤もある．色の明るさは明度と呼ばれ，光の反射率による．反射率の大きい色は明るい色となる．色が鮮やかかどうかは彩度という言葉で表現される．彩度は色の中に混じる白や灰色の成分によって影響される．これらの無彩色が混じると彩度が低くなる．色を表現するということは，色のこれらの要素，赤か青かという色の「色相」，明るいか暗いかという「明度」，鮮やかくすんでいるかという「彩度」，この3つを表現しなければならない．

　マンセルは色を5つ（赤・黄・緑・青・紫）に分け，さらに中間に黄赤・黄緑・青緑・紫青・赤紫の5つを設けて合計10色にした．さらに，それらの色相を10で分割した計100色相で表した．マンセルは彩度も10等分した．彩度は色相にも依存する．最も彩度の高い黄は彩度10になるが，青や紫のように彩度の低い色の中で最も彩度の高い色でも彩度10に達しない．マンセルは明度も10段階に分けた．近年，彩度を14段階，明度を11段階に分けているものもある（**図14**）．

　このように，色相，彩度，明度を表現するためには3つの軸が必要で，立体表現にならざるを得ない．このように，3軸で色を表したものを色立体という．マンセルの色立体はその後改良され，JISに採用され，標準色票として，工業やデザイン関係で広く利用されている．色立体は便利で確実な方法であるが，これを紙面で表現しようとすれば，3次元を2次元で表さねばならず，不便で不正確になる．そのため，色を2次元または数式で表現しようとする試みもなされている．

　また，計測器で可視光線の波長ごとの反射率を計測し，それに計測に使用した光の特性，私たちの眼の特性の3つから色の特性を表現する方法もある．

マンセルの色立体；色相，彩度，明度の3軸で立体を形成
色相：10色（赤・黄赤・黄・黄緑・緑・青緑・青・紫青・紫・赤紫）を10等分して
　　　100色相
彩度：無彩色を0として14段階
明度：白を0，黒を10として11段階

図14　マンセルの色立体

色に関わってくるものには，光源，対象物，眼－脳の3つがある．このどれが欠けても色は成立しないし，3つの条件が少しでも変わると色が変わり，周囲の背景も見え方に影響する可能性がある．さらに，色の見え方には個人差があり，過去の経験・他者の存在・社会的文化的側面にも影響される．しかし，だからといって「正しい色」と「正しくない色」があるわけではない．光源と対象物の条件が同じであっても，眼から脳への情報処理の過程があって色の認識が生じるからである．それでも，マンセルの色立体などJISによる標準色票はなるべく客観的に色を表現しようとしたものである．

まとめ　色の見え方には個人差があり，過去の経験・他者の存在・社会的文化的側面にも影響される．色の色相，明度，彩度を表現したマンセルの色立体など，客観的な色の表現を試みたり，計測器での反射率の計測から色の特性を表現する方法もある．色の知覚が脳でなされているため完全に客観的な表現はできないが，その努力がなされている．

14話　色は人の心の動きにどのような影響を与えるか？

　今まで「人間が色をどのように知覚しているか」を見てきた．人間は生き物であるからそこで終わるのではなく，その情報から何かを読み取り判断する．例えば，柿の実の色を見て熟しているかどうかを判断するし，人の顔色を見て健康状態や感情を判断する．「色」を認識した結果が人間の心の働きに影響を与えている．

　私たちは色に心理的，生理的影響を与えられている．例えば同じ温度でも赤，橙，黄などの暖色は，青や青緑などの寒色に比べて暖かさを感じる．同じ平面にあっても赤，橙，黄などが進出色で前に飛び出て見え，青，青緑，青紫は後ろに下がって見える．車の色別の事故率のデータでは，青が25％，緑が20％，灰色が17％で，赤の8％，黄色の2％に比べて多くなるのは，青系統の色は後退色のため，実際よりも遠くに見えるためといわれている．白の服を着ると黒の服よりも太って見えるが，これは錯覚で色の明度によって起こる．収縮して見える色が明度の低い色で，膨張して見える色明度が高い色である．明度，彩度がともに高いと陽気に，明度，彩度が低いと陰気な感じになる．

　色はさまざまな印象，感情，錯覚を与えるが，これらの作用は部屋の空間から広告やファッションなどあらゆるところで使われている．食べ物の写真では，全体的に明るくして緑や青を抑えて赤みを際立たせると，美味しそうな写真になる．その日の気分で自分が選んだ服も，そのときの感情に合った色を選んでいたりする．色は文字とは違い見て感じるものなので，自分でも気づかないところでさまざまな影響を受けている可能性がある．

```
赤，橙，黄 ⟶ 進出色
青，青緑，青紫 ⟶ 後退色 ……… 車の事故率大
```

```
白い服 ⟶ 黒い服より太って見える
（膨張色）　（収縮色）
```

```
食べ物の写真〜青系統より赤〜黄がおいしく
　　　　見える
```

図15　光から受ける心理的，生理的影響

赤は活力・情熱・興奮など強いエネルギーをイメージする色で，積極的なリーダータイプに好まれる色である．やる気のとき・元気が欲しいとき・自信を取り戻したいとき・自分をアピールしたいときなど，エネルギーが満ちているときに赤が好きになる人が多い．一方で，赤には怒り・攻撃的といったネガティブなイメージもある．また，食欲や性欲といった動物的な生命力を高める色でもある．赤は暖色の代表的な色である．これは赤の光が交感神経を刺激し，脈拍と体温が上がり血流がよくなるためと考えられている．

橙は赤と黄色が混ざった色で，太陽や炎のような陽気で暖かい高揚感を表す色である．橙が好きな人は，陽気で社交的なタイプが多い．橙色には食欲を促す効果や心の不安や抑圧を取り除く効果があるようである．

黄色は太陽光に近い色で，古代のマヤ文明では太陽を表す色として崇拝されてきた．黄色は太陽のように人々に希望と喜びを与え，楽しい感情を与える色といわれる．心理学的には，希望を抱いていると鮮やかな黄色を好む傾向がある．黄色は目立つ色で，危険を表す色として使われる．自然界ではトラやハチの縞模様があり，人工物では踏切や工事・立ち入り禁止の看板のように黄色と黒の組み合わせは危険を表しているものが多い．

緑は暖色でも寒色でもない中間色でもっとも刺激の少ない色である．可視光の中央付近に位置し，心身のバランスを整えリラックスさせる効果がある．また緑は，見る人に安心感を与え，落着きと安らぎをもたらす効果がある．緑は自然や平和をイメージさせ，自然が持ついやしの効果をもたらす．またスクスク伸びる草木のように，健康と成長をイメージさせる色である．

青は心身の興奮を鎮め，感情を抑える色である．青は心身が落ち着き，冷静に物事を判断できるという．これは青の光が副交感神経を刺激し，脈拍や体温が下がり，呼吸もゆっくりと深くなるためと考えられる．青にはクール・爽やか・信頼感といったイメージがあるので，企業のWebデザインでよく使われる．白との相性がよく，水や青空のようなクリアな透明感を表すことができる．

紫は活発な赤と抑制の青という正反対な2色が混ざった色である．赤と青のように，ぶつかり合う2つの心が葛藤状態にあるとき，両方の性質を持つ紫色が心のバランスを感じさせる色である．紫は宗教色として尊ばれてきた色で，自分の潜在能力に気づかせてくれる色でもある．紫は深い瞑想に導き潜在能力を引き出す色として用いられる．

ピンクは，恋愛・しあわせ・思いやりなどのやさしいイメージを持つ色である．

恋に夢中のときや，幸せで充実しているとき，また愛や幸せを欲しているときにはピンクが気になる．ピンクは心と体を若返らせる効果があり，心を満たし人を思いやる暖かさを与えてくれる色である．ピンクは女性らしさをイメージさせ，女性に最も好まれる色の一つである．しかし，子どものときに女性らしさを強要された女性や，女性らしさに距離をおく女性は，ピンクを好まない傾向がある．

このような色に対する評価は，主観的・心理的なもので，個人差も大きく，普遍的なものだとすることはできない．近年，色彩心理学と呼ばれる領域が生まれたようである．色彩と人間の関係性を心理学的に解明する学問といわれている．色彩心理学は学問としてまだ確立されていないが，各色の根源的な性質や特質とイメージ，自我，魂，意識，無意識といった心の諸要素との関連などを主として研究しようとしている．

ま と め　私たちは色から心理的，生理的影響を受けている．赤，橙などの暖色は，青や青緑などの寒色に比べて暖かさを感じる．同じ平面でも赤，橙，黄の進出色は前に飛び出て見え，青，青緑の後退色は後ろに下がって見える．白の服は黒の服よりも膨張して見える．明度，彩度がともに高い色は陽気な感じになり，明度，彩度が低いと陰気な感じになる．

コラム

色の表現

　色を表現するときは，通常色の名前を言う．赤，橙，黄，黄緑，緑，青緑，青，紫などと表現する．無彩色は白，灰色，黒と表現する．マンセルの色立体を使って色相，彩度，明度を数値を使って表現するのは色の名前だけでは色の彩度や明度の違いを表現できないからである．同様に，計測器で可視光線の波長ごとの反射率を測定し，それに計測に使用した光の特性，私たちの眼の特性を掛け合わせて計算して3次元的に数値で表現する方法もある．

　マンセルの色立体など3次元的な数値表現は色の違いを正確に表現する方法としては良いが，私たちの日常の色表現には馴染まない．それで，私たちは色の濃淡，明暗，強弱など色の大まかな印象を言葉にして表現する．例えば，明るい色，暗い色，鮮やかな色，くすんだ色，濃い色，薄い色などである．明るい色という言葉の中には明るさの程度である明度のほかに鮮やかさの度合いである彩度も含まれている．このような明度と彩度を複合した色の表し方を色調と言い，色の印象を表す方法である．

　私たちは，赤い色でもいろいろな呼び方をする．赤，朱色，紅色，茜色，緋色，バラ色などである．同じ色でも濃淡，ピンクがかったもの，オレンジがかったもの，茶色がかったものなど幅広く，それに伴って呼び名も多い．赤色は可視光線のうち600〜780nmの波長範囲と幅広く橙や紫に近いものまである．さらに，文化や生活の違いによる呼び方まで加えると，世界で使われている赤色は幅広いものになる．

第3章
水と色

水の色は水の条件，周囲の光の状態などによって変わってくる．コップの水は透明で，滝は白く見え，海や湖は青く見えるし，シャボン玉は虹色に見える．この章では，水が置かれている状態によって色の見え方が違う理由について述べる．

15話　コップの水は透明なのに海や湖の色はなぜ青いか？

　普通は水色というと薄い青色のことをいう．しかし，コップの水は透明だし，川の水も透明に見える．一方，川の水が滝となって落ちるときは，白い布を重ねて長く連ねたように見える．また，海や湖，深い川は青く見える．川の水は同じなのに，どうして透明に見えたり，青色に見えたり，白く見えたりするのだろうか？

　コップの水が透明に見えるのは，コップの水のどこをとっても均質で光の反射や吸収がないからである．私たちの眼には滝が白く見えるが，落ちたあと流れていく水は透明でもう白くはない．滝の落ちているところに近寄ってみると，滝は白い水しぶきの集合として見える．水しぶき，つまり水滴の集まりが私たちの眼には白く見えるのである．光が空気中を進むとき，水滴があると，水滴の表面で反射や屈折が起こり，反射した光が私たちの眼に届くので滝は白く見える．反射や屈折の過程で特定の波長の光が吸収されると，色がついて見えるが，日光は水滴の表面で7色のすべてを反射するので，私たちの眼には白く見える．滝だけではなくて，海の波しぶき，寒い朝に吐く息，雲，雪が白く見えるのも同じ原理である．

　次に，海や湖，深い川はなぜ青く見えるのかを考える．その理由は水の層が赤の光をわずかだが吸収するからである．太陽からの光の色は，赤，橙，黄，緑，青，藍，紫まである．水の層が赤の光を吸収すると私たちの目には赤い色が欠けた光が届くことになる．赤色が欠けた光は，私たちの眼には青色に見えるのである．

　水の層が赤い光を吸収する理由は，水の分子が振動していることによる．水分子の振動には，**図16**に示すように，対称伸縮振動，非対称伸縮振動，変角振動がある．これらの振動の状態は赤外線吸収スペクトルによって測定されるが，人間の眼には見えない．水蒸気の分子の対称伸縮振動と非対称伸縮振動の振動数は，1 cmの中にある波数の単位で 3 657 と 3 756 cm^{-1}，光の波長に直すと 2.48 と 2.42 μm になる．また，変角振動の振動数は 1 595 cm^{-1} である．

　しかし，倍音の振動があり，基本振動の整数倍の振動によっても光が吸収される．倍音は弦の振動でも必ず見られ，バイオリンなどの弦楽器の音色に関係している．水分子の場合，対称伸縮振動，非対称伸縮振動，変角振動それぞれの和あるいは倍音との和が結合音となる．対称伸縮振動の3倍音と非対称伸縮振動との結合音の波長は 760 nm，非対称伸縮振動の3倍音と対称伸縮振動との結合音は 740 nm となる．伸縮振動の4倍音も可視光の吸収としてわずかに寄与するが，強度は弱い．

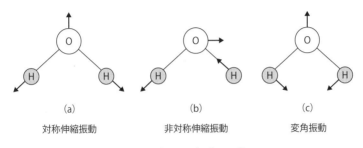

図16 水分子の振動モード

また，変角振動との結合音も寄与するので，吸収は幅広くなる．その結果，可視光領域の吸収は，610〜760 nm の領域に幅広く現れ，赤色の光になる．

光が長い水の層を通過するとき，倍音や結合音の振動により赤色の光が吸収され，残りの光が私たちの眼に届くので青く見える．一般に，倍音や結合音による光の吸収は基本振動に比べてかなり弱く，赤色の吸収は弱くしか起こらない．したがって，海や湖，深い川など長い水の層がないと青く見えない．

もし水の伸縮振動の倍音や結合音によって水の層が青く見えるとしたら，重水（D_2O）の層は青くは見えないと考えられる．なぜなら O−H の水素原子を 2 倍の質量を持つ重水素（D）に置換すると O−D 伸縮振動の振動数は O−H に対して理論的に約 $1/\sqrt{2}$ に低下するはずである．そうなれば倍音や結合音の吸収もすべて赤外線領域にシフトするはずである．これを実証するために 3 m 程度の長さの筒を作り，そこに通常の水（軽水，H_2O）と重水を入れて色を観察し，軽水では青色で重水では無色であることを確かめた人がいた（C. L. Braun, S. N. Smirnov, J. Chem.Educ., 70 612(1993))．この結果は，長い軽水の層がある場合に青に見える原因が水分子の伸縮振動の倍音や結合音である証拠だといえる．

> **まとめ** 水色は薄い青色のことをいう．深い水の層があると青く見えるのは，赤の光をわずかだが吸収するからである．水の分子の伸縮振動の振動数の何倍かに当たる倍音やほかの振動との結合も弱いが起こっていて，その振動は赤色の光にあたる．赤色の光が水によって弱く吸収され，赤色が抜けた残りの光が我々の目に届くので水の層があると青く見える．

16話　海や湖の色は何で決まるか？

　海，湖や川の色は，水の層が赤色の光を吸収するので，水の層が深いほど青が深くなる．

　海や湖の色は天候によっても違ってくる．といっても海の色が青く見えるのは，空の色が映っていることが主な原因ではない．曇りや雨のときに海が黒ずんで見えるのは，海に注ぐ日光の量が少なく，私たちの眼に届く光の量が少なくなっているからである．

　湖によっては，緑，黄緑，黄色に見えることがあるのはどうしてだろうか？　湖の色は基本的な水の吸収によるほかは，含まれている物質の色，その数，周囲の風景色など複合的な要素に影響されていると考えられる．周囲の木々の緑が水面に映りこみ緑色に見える場合もある．しかし，その場合は偏光グラスを掛けることによって水面の反射を消してしまえば映ることはなくなる．それでも青緑に見えるのは，植物性プランクトンや藻の緑が水中に溶け込んだように見えるからである．

　湖の色を分類するために，水色標準液が用いられている．I～IVは藍色，V～VIIIは緑色，IX～XIは黄色で，番号が大きくなるほど黄色に近くなることを意味する．例えば，田沢湖はI～IIで美しい藍色を示し，摩周湖，十和田湖などはIII～IV，霞ヶ浦，手賀沼などはIX～Xの黄色である．土の成分や腐植質が浮遊してくると，茶褐色がかってくるし，いろいろな色素を持ったプランクトンが増殖すると，赤みを帯びたり緑色になったりする．黄河や黄海の黄色は土壌の微粒子が水中に分散することによる．インド洋と地中海をつなぐ紅海では，その色の原因はプランクトンの紅色によるという説と藻類の繁殖による赤色という説とがある．

　深い海では魚の色も違って見える．水の層が赤色の光を吸収するので，深い海ではダイバーたちの目に赤い光が届かず，赤い色の魚は黒ずんで見える．赤色の光が吸収されるのに加え，そこで問題となってくるのが，水中での色の見え方である．色とは，物体が持っているものではなく，光が反射して起こっている．物体に光が当たり，ある色の光は吸収され，吸収されず反射した光が色として表われるのである．水により赤色の光が吸収されるということは，物体に当たって反射するはずの赤色の光がないので，陸上で赤く見えていたものが水中では赤く見えない．水中深くなるにつれ徐々に赤色の光が吸収されていくが，赤い色が見えなくなる水深は，透明度や光の強さによっても変わってくる．しかし，透明度の限界近くの水深では

確実に赤色が見にくくなっている．

　また，陸上からみた水中の色は，青や緑といった水の色のフィルターが掛かったような状態である．魚が捕食している餌の色を水中で確認しても，実際の色とは違っているかも知れない．海の青色は水の伸縮振動に起因する可視光線の吸収に加えて，空の色の反射も関連している．これは空の光の海水面における反射，および海水中に入射した光が微粒子により散乱され途中水による吸収を受けた後，空中に脱出した透過光との合成による色が海の青色として出現している．水面における反射率は入射角が水平に近づくほど高くなり，より空の色が反映される．光の入射角が臨界角以下になれば全反射が起き，海の色はより多く空の色が反映されるようになる．夕焼けが反射すれば海面はオレンジ色に染まる．

　また水中に微粒子が多量に存在すると水中に入射した光の散乱が増大し，より浅い場所で光が反射され光路長も短くなり，入射光の水による吸収が加われば乳濁した水色を呈する．北海道美瑛町の青い池では，白色の水酸化アルミニウムなどの微粒子が光を散乱して水の吸収による青色の透過光が加わり，セルリアンブルーを呈している．一方で微粒子が少なく散乱のあまり起こらない黒潮は，入射した光がより長い光路長を持つため吸収が強くなり深い青色を呈する．青色の濃さは海底や川底の反射も関係し光路長，すなわち深さに密接に関連する．川の水も透明度が高い場合は深さによりエメラルドグリーンから青色を呈するようになる．泥の微粒子が存在すると入射光の水による吸収の青色に泥の黄色味が加わり水は緑色を呈するようになり，さらに泥の粒子が増大すると光路長が短いうちに反射され青色はほとんど現れず，いわゆる泥水として泥の色に染まるようになる．

ま と め　　曇りや雨のときに海や湖が黒ずんで見えるのは，私たちの眼に届く光の量が少ないからである．海や湖の色は土の成分や腐植質が浮遊してくると，茶褐色がかってくるし，いろいろな色素を持ったプランクトンが増殖すると，赤みを帯びたり緑色になったりする．海の青色は空の色の反射も影響し，夕焼けが反射すれば海面はオレンジ色に染まる．

17話 ホースで水をまいて虹を作れるか？

虹は，晴れた日に太陽を背にして見上げた空に，雨上がりなどで水滴が空中に多く浮かんでいるときに見える．虹は，水滴表面での屈折と水滴内部での光の反射の組み合わせによって生じる．

太陽からの光は空気から水滴に入るとき屈折するから，水滴の反対側の表面で反射して再び屈折すれば，図17，図18に示すように，プリズムの場合と同じように波長の違い（屈折の違い）によって分散される．私たちが見る虹は上から赤・橙・黄・緑・青・藍・紫の順番になっている主虹が多く，これは，太陽と水滴を見る人の位置関係は，ちょうど41〜43°（紫が41°，赤が43°）を中心とすることになるから，そのような関係にあるところの水滴だけからの光が7色のスペクトルとして見えることになる．そのため，見る人の眼を頂点とした円錐の底面の円の部分

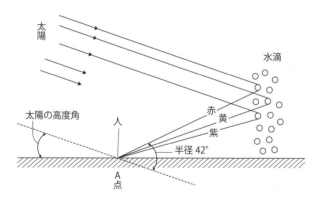

図17 水滴からの光の屈折で虹として観測される図

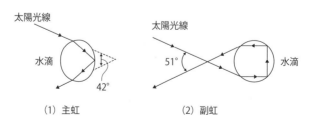

図18 水滴内での光の屈折の拡大図

に水滴があることになる．これは，屈折率が各色の波長ごとに異なるので，**図 17** のように違った水滴からの光を見ているためである．屈折率は，赤だと 1.330，紫だと 1.344 になる．太陽と水滴と見る人の眼の間の角度が約 42°でないと虹が見えないので，観測者が移動すると当然反射してくる水滴も移るので虹をとらえることはできない．見る人の眼を頂点とした円錐の円の部分に水滴があるので，虹は円形をしているが，山，建物，地面などがあるため普通は円の上の一部しか見ることはできない．

　晴れた日に太陽を背にしてホースで水をまくと，約 42°の方向に虹が見える．これは，**図 17** に示す条件が満たされていれば水滴が人工的なものであってもよいことを示している．水滴の直径が 0.05～0.5 mm 程度のものが虹が見えやすい条件になっている．公園で上がっている噴水を太陽を背にして見ても虹が見える．また，太陽を背にして水をスプレーしても虹が見える．この場合，立って水をスプレーすると高い位置に，座って水をスプレーすると低い位置に虹が見え，近い位置にスプレーすると虹の円弧の半径が小さく，遠い位置にスプレーすると虹の円弧の半径が大きくなることを確かめることができる．また，高い台の上に立ってスプレーすると，虹を円として見ることができる．これは，人間の眼と水滴と太陽との位置関係の条件が虹が見えるためには必要であることを示している．

　また，**図 18** にあるように主虹の上，視半径 51°のところにも，内側が赤，外側が紫（主虹と反対の色の配列）の虹が現れることがある．これは，副虹（第 2 の虹）と呼ばれる．副虹は，水滴の中で光が 2 回反射してできるものである．太陽と見る人との位置関係が約 51°となるような水滴では，水滴内を 2 回反射して出てくる光が，ちょうどうまくスペクトルになって眼に入ることになる．このときは，反射が 2 回あるため，屈折率の大きいほうの紫の光が上側へくる．このように考えれば，3 次，4 次などたくさんの虹の存在が予想されるが，だんだん弱くなって，実際にはほとんど見ることはできない．

> **まとめ**　晴れた日に太陽を背にしてホースで水をまくと，約 42°の方向に上から順に赤・橙・黄・緑・青・藍・紫色の円弧の帯，つまり虹が見える．これは，太陽からの光が空気から水滴に入り，屈折，反射して再び屈折するときに，プリズムの場合と同じように波長の違いによって分散されるからである．

18話 シャボン玉が虹色に見えるのはなぜか？

　光を受けて虹のように輝くシャボン玉はとてもきれいである．どうしてシャボン玉は虹のように見えるのだろうか．

　波というものには山や谷の状態があって，その状態を位相という．2つの波があって山と山，谷と谷が一致していると，位相は一致しているといい，波は重なるので強め合う．山と山，谷と谷が180°ずれている場合は，位相が180°ずれているといい，山と谷が一致するので波は弱め合って消えてしまう．光も波なので，同じ位相で重ね合うと振幅が大きくなり，明るくなる．逆に，弱め合うと，暗くなる．これを光の干渉と呼ぶ．

　シャボン玉の場合を考えてみる．シャボン玉に光が当たると，光は空気→シャボン玉の膜→空気の順に通り抜けていく．このとき，空気からシャボン玉の膜に入るところとシャボン玉の膜から空気に出るところの2つの界面で光が反射される．空気の屈折率はほとんど1で，シャボン玉の成分は水なので屈折率は1.33である．光は屈折率が小→大→小の物質中を進む．屈折率が小→大となる界面に光が当たるときは位相が180°ずれるが，屈折率が大→小の場合は位相が変わらない．このように，シャボン玉の薄い膜の2つの界面で反射した光の波は重なり合って干渉する．このとき，波の位相が同じであれば強め合うが，180°ずれていると打ち消しあって光が消えてしまう．

　2つの界面での反射波の位相の違いについてもう一つ考慮すべきことがある．それは，シャボン玉の内側の膜で反射して空気に出てくる光はシャボン玉の膜に当たってすぐに反射する光よりも遠回りしていることである．この距離の差が位相にしてどれだけになるかは距離を波長で割ればよいが，シャボン玉の内部では屈折率が大きいので波長が短くなることを考慮しなければならない．真空中の波長を λ，物質の屈折率を n とすると，物質中の波長は λ/n となる．シャボン玉の膜厚を d とすると，位相の変化は $360° \times 2d/(\lambda/n)$ となる．反射するときの位相変化を考慮すると，全体の位相変化は，$180° + 360° \times 2d/(\lambda/n)$ となる．この値が360°，720°などのように180°の偶数倍になっていれば2つの界面から反射される光の位相が等しくなるのでもっとも強く反射する．この値が180°の奇数倍になれば打ち消し合うことになる．以上のことをまとめると，

$$4nd/\lambda = 2m + 1 \quad \text{強め合う}$$
$$4nd/\lambda = 2m \quad \text{打ち消し合う} \tag{4}$$

となる．ここで，m は正の整数である．光がシャボン玉の膜に対して入射角 θ で入る場合は d の代わりに $d\sin\theta$ とすればよく，式（4）はそのまま使える．

仮に3個のシャボン玉の膜がどこでも均一で膜厚 d が 260, 305, 383 nm とする．そうするとそれぞれ 460, 540, 680 nm の光が式（4）の強め合う条件に適合し，青，緑，赤のシャボン玉に見えるはずである．もしシャボン玉の膜厚が 462 nm であるとすると，式（4）の強め合う光の条件は 820 nm となり，これは赤外線の領域なので色はつかず透明に見える．しかし，現実にはシャボン玉の膜がどこでも均一ということはない．重力のため，下のほうの膜厚が厚くなり上は薄くなる．シャボン玉の膜厚に分布があるために，厚いところでは長波長の光が，薄いところでは短波長の光が式（4）の強め合う条件に適合するため場所によっていろいろな色が発生して虹色に見える．

シャボン玉の虹色は薄膜干渉と呼ばれるが，薄膜干渉を応用した色材は身近でもよく使われている．パール顔料という塗料や化粧品に用いられる顔料は，薄い雲母片に酸化チタンという屈折率の大きい膜をコーティングして塗料に混ぜた材料である．膜の屈折率が大きいので反射率が高くなることが期待される．この効果をさらに強めて着色するようにしたのが干渉パール顔料である．これは雲母の薄片上の酸化チタン膜の厚さを特定の色に対して強め合う条件にしてある．一つ一つの薄片の反射率がそれほど大きくはないが，それらが積み重なることで全体の反射率が高くなる．光はこうして塗装された膜の奥まで入っていき，積み重なった薄片の層からの反射が重なり真珠のような光沢を期待している．

南米に生息するモルフォチョウの羽には色素がないが，光の干渉による反射でさまざまな美しい色に見える構造をしている．繊維の分野では，自然界の仕組みを化学技術で再現したモルフォテックス繊維が注目を集めている．モルフォテックスは，ナノテクノロジーを駆使して，ポリエステル繊維にその構造を応用したものである．染料や顔料を使わずに美しい色が表現できる．

まとめ シャボン玉に入った光は空気からシャボン玉の膜とシャボン玉の膜から空気に出るところの2つの界面で光が反射した光が重なり合って干渉する．膜厚が薄いと短波長の光が，膜厚が厚いと長波長の光が強め合う条件に適合して色が出る．現実には膜厚に分布があるのでいろいろな色が現われ，虹色に見える．

コラム

白浜が海水に濡れるとなぜ黒っぽくみえるか

砂の主成分は石英（SiO_2）で，可視光を吸収しないので色はつかない．砂の形状は丸みを帯びていたり尖っていたりして，傷もある．このような砂粒に太陽からの光が入射すると**図19**（a）に示すように光はいろいろの方向に乱反射する．乱反射した光が私たちの眼に届くと白く見える．

ところが，波によって砂が洗われ濡れた部分は黒っぽく見える．水を含んだ砂の表面は**図19**（b）のようである．砂粒表面の凸凹にも水が入り込んで砂全体が濡れるが，水は表面張力が大きいので表面積を減らそうとして砂粒表面に水の層が広がる．乾いた砂の場合は表面の凸凹によって界面の面積が大きく，光はいろいろな方向に反射する．それに比べて，濡れた砂では水層で屈折して砂表面の凸凹に到達する光もあるが，これらの光は反射，屈折を繰り返すので反射して空気中に戻ってくる光は減る．また，水が空気よりも屈折率が大きいため，水層から空気層への屈折角がある値以上では全反射が起こり空気中に戻らない光もある．水層がある場合に反射する光が減るので砂の表面から私たちの眼に入る光が減る．砂の表面から私たちの眼に入る光が減ればその物体が黒ずんで見える．

同様の現象は，乾いたコンクリートや土に水をかける場合にも起こる．

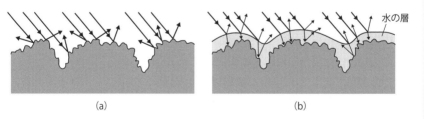

図19 白浜での（a）光の乱反射と（b）水の層がある場合の光の反射と屈折

第4章
宝石の色

宝石の価値は，透明度，色の輝き，光の反射の具合，希少かどうかなどによって決まる．この章では，ダイヤモンド，サファイア，ルビー，水晶について色の出る原因，自然鉱物と人工鉱物の製法について述べる．

19話　ダイヤモンドにはなぜ透明なものと色がついたものがあるか？

　ダイヤモンドは絶縁体で，最も硬く，最も熱伝導率の大きい，基本的には透明な物質である．ダイヤモンドでは1つの炭素原子が正四面体の中心にあり，最近接の炭素原子はその四面体の頂点上に存在する．頂点上の4個の炭素原子それぞれがsp^3混成軌道と呼ばれる強固な結合をしている．対称性の高い結晶構造を持った物質が結合に関与しない余分な電子を持っていないと絶縁体になる．絶縁体では，価電子帯に電子があるが，これと伝導帯との間には電子が入ることができない禁制帯がある．ダイヤモンドでは電子を伝導帯まで励起するためには5.47 eVのバンドギャップを超えねばならない．ダイヤモンドは基本的には透明なのは，単結晶でできていて結晶内は均質であること，なおかつ電子を伝導帯まで励起するにはバンドギャップが可視光の1.59〜3.26 eVのエネルギーよりもかなり大きいからである．光は均質かつエネルギー吸収の起こらない物質中を進むときは透明に見える．

　ダイヤモンドは屈折率が2.42と非常に大きいので内部での全反射が起こりやすくなる．ダイヤモンドのカットとしてよく用いられるブリリアントカットでは，光の反射を見るとき，シンチレーション，ブリリアンシー，ディスパージョンによる3種類の輝きの相乗効果で美しく見える．シンチレーションはチカチカとした輝きで強い表面反射によるもの，ブリリアンシーは白く強いきらめきでダイヤモンド内部に入った光が比較的少ない回数の反射をして戻ったもの，ディスパージョンは強い屈折による7色の虹の輝きである．

　天然のダイヤモンドには完全な無色から薄い黄色まで色がついている．無色に近いものほど透過性が高く，虹色に輝き，希少価値がある．しかし，カラーグレードの違いは驚くほど微妙で，熟練した専門家が理想的な明かりの下でダイヤモンドをルース（裸石）の状態で見て，始めてその違いが分かるくらいである．

　ダイヤモンドの色の原因は，原石の原子配列のわずかなズレと，微量のチッ素やホウ素などの不純物元素による．ピンクやレッドダイヤモンドは窒素原子が取り込まれ，その隣の炭素原子が欠けることでピンク色や赤色になる．ブルーダイヤモンドはホウ素原子が0.05〜0.06 ppm含まれることで青色になる．グリーンダイヤモンドは取り込んだ窒素原子2個にはさまれた炭素原子が欠けることで緑色になる．イエローダイヤモンドは取り込んだ窒素原子が，10〜5 500 ppm含まれることで黄色になる．これらの色の違いは不純物準位のエネルギーの違いによる．ブラッ

クダイヤモンドは肉眼で確認できない微量元素が色の要因ではなく，ダイヤ内部に含有する鉱物（グラファイトや鉄鉱石）などの介在物が多く含まれ，これらの鉱物の色を反映して黒く見える．天然のダイヤモンドで放射線を長期にわたって受けたため着色しているものもある．人工的に色をつけるには，放射線を照射する，分子構造を変える，高温高圧にするなどの方法がある．

　チッ素やホウ素などの不純物があったり，原子配列にズレが生じたり，放射線で構造欠陥が生じたりすると，5.47 eV の幅がある禁制帯に不純物準位が生まれる．不純物準位が価電子帯から 1.59〜3.26 eV の領域にあると，可視光の光を吸収することができるようになり色がつく．ダイヤモンドのバンド構造と不純物準位を**図20**に示す．

　完全に均一な原子配列と不純物元素を全く含まない状態に近づくほど，ダイヤモンドも完全な無色透明に近づく．ダイヤモンドでは，色がないことは稀なので高く評価される．多くの色は明るい色合い（イエロー，ブラウン，グレイ）を帯びている．カラーグレーディングにおいては地色を考慮し，その色の深み（明度と彩度の組み合せ）について，最も稀なD（無色）からZ（ライトイエロー）までのスケールで評価される．グレー，ブルーおよびピンクは稀で，オレンジ，グリーンおよびパープルは非常に稀となり，レッドダイヤモンドは最も珍しくなる．ライトブルー，ピンク，およびバイオレットは無色より価値が高い場合が多く，鮮やかなブルーおよびレッドが最も価値が高い．．

　イエロー，ブラウン，オレンジ，グレーおよびベリーライトグリーンのダイヤモンドは通常，無色の石より価値が低くなる．

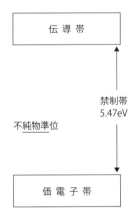

図20 ダイヤモンドのバンド構造と不純物準位

まとめ　ダイヤモンドは絶縁体で基本的には透明である．単結晶で結晶内が均質で可視光を吸収せず光が通過するからである．チッ素やホウ素などの不純物があったり，原子配列のズレや放射線による構造欠陥により禁制帯に不純物によるエネルギー準位が生ずる．不純物準位が価電子帯から 1.59〜3.26 eV の領域にあると，可視光の光を吸収して色がつく．

20話 サファイアの色の原因は？

　サファイアは，コランダム（Al_2O_3，酸化アルミニウム）に不純物が入って宝石としての価値がついたものである．ダイヤモンドに次ぐ硬度を持っていて絶縁体であるが，不純物が入ることにより色がつく．サファイアは，赤色以外の色の宝石をいう．コランダムに不純物のクロムが入り濃赤色を呈するものはルビーという．サファイアは，青玉（蒼玉）という和名があるように，不純物に鉄とチタンが入って濃紺あるいは青紫色をしたものが一般的である．濃赤色以外の色，例えば黄色，緑，紫，橙，ピンクなどもサファイアである．また，かつて青色のサファイアは，油絵に使われる青の顔料であった．工業的に生産される単結晶コランダムもサファイアと呼ばれる．ルビーの濃赤色や，サファイアのメインカラーである濃紺～青紫色以外のものは，ファンシーカラーサファイアと呼ばれる．

　サファイアの青の発色は不純物として 1 % 程度含まれる鉄と，0.1 % 程度含まれるチタンとの間の電荷移動によることが 1976 年に解明された．コランダム結晶の構造単位を**図21**に示す．黒丸で示した Al を中心として 6 個の O が囲んで AlO_6 の歪んだ正八面体を作っていて，上の O が作る正三角形と下の O が作る正三角形とが入れ違った形をしている．サファイアの結晶格子はアルミニウムを一部置き換えて，不純物として 2 価の鉄イオンと 4 価のチタンイオンとが近接した軌道上に存在している．**図21**において，Al の位置の一つが Fe^{2+} でもう一つが Ti^{4+} と考えると分かりやすい．このサファイアに光が当たると，そのエネルギーを受けて 2 価の鉄イオンから電子がチタンの軌道に飛び移り両イオンとも 3 価になる．このとき，光は黄色から赤の帯域に相当する光のエネルギーを吸収するので通り抜けた青系統の光だけが残され，サファイアは青く見える．さらに 1987 年にサファイアには 2 価の鉄イオンと 3 価の鉄イオン間で電子を交換する電荷移動の仕組みでも同様の青の発色が起こることが解明された．アルカリ玄武岩起源のサファイアの発色はこの仕組みであるが，不純物の鉄の濃度が高いために黒に近い暗青色である．オーストラリア産のインク・ブラックと呼ばれる青はこの仕組みによるものである．

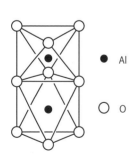

図21 コランダム結晶の構造単位

黄色のサファイアは2価の酸素と3価の鉄との電荷移動および3価の鉄と3価のチタンによるものである．緑のサファイアは3価の鉄イオンと鉄とチタンの電荷移動と3価のクロムイオンの配位多面体構造，紫のサファイアは鉄とチタンの電荷移送と3価のクロムイオンの配位多面体構造による．橙・橙褐色は3価のクロムの配位多面体構造，3価のクロムと3価の鉄とのカラーセンターによる．パパラチャ（橙がかったピンク）は3価のクロムの配位多面体構造，4価のクロムと2価のマグネシウムの電荷移動による．ピンク色のサファイアはアルミニウムの一部をクロムで置換したものであるが，次に述べるルビーと違ってクロム濃度が小さいために，赤ではなくピンク色になる．各色のサファイアのそれぞれが違う濃度の不純物を含んでおり，産地によって微妙に色合いが異なる．

　宝飾品として市場に供給されているルビー・サファイアなどのコランダムは，そのほとんどが人為的な加熱処理（500〜1 600 ℃）によって鮮やかな色彩や内部的に汚れの少ない状態に変化したものである．非加熱なのか加熱処理されているかの判定は，国際的にも認知されている大手宝石鑑別機関が種々の装置を駆使して判別している．人造の単結晶のコランダムは，高い硬度から腕時計の風防や軸受け，レコード針などに用いられる．絶縁性がよく，熱伝導率もよいため，半導体の基板としても利用されている．

　現在，火炎溶融法によるルビーやサファイアの生産は全世界で年間数千トン（250億カラット）に達しているが，そのほとんどは産業用で宝飾用途は極めて少ない．その理由は火炎溶融法によるルビーやサファイアは生産量が多すぎて価格が暴落したためである．品質や美しさでは天然の最上級品を凌ぐにもかかわらずガラス並みの値段ではどんなに美しくても誰も見向きもしないためである．

まとめ　サファイアは，コランダムに遷移金属の不純物が入って宝石としての価値がついたものである．サファイアは，濃紺あるいは青紫色をしたものが一般的である．青の発色の理由は不純物として1%程度含まれる鉄と，0.1%程度含まれるチタンとの間の電荷移動により黄色から赤の光を吸収し，通り抜けた光が青だけになることによる．黄色，緑，紫，橙，ピンク色のサファイアもあるが，着色の理由は不純物の種類と量が違うことによる．

21話　ルビーの色の原因は？

ルビーは，サファイアと同じコランダムという鉱物に属し，鮮やかな紅色を示す．鮮やかな紫みを帯びた紅色のルビーは主にミャンマーで採掘されており，同国産ルビーのうち最高等級のものをピジョン・ブラッド（鳩の血）と呼ぶ．

不純物が非常に少ない純粋なコランダムは，無色サファイアと呼ばれ，透明で高い屈折率により強い輝きを示すが，宝石として用いられることはほとんどない．しかし，1 % 程度の微量のクロムを不純物として含むことにより，ルビーになる．この微量の不純物の量が 0.1 % だとピンクになり，ピンクサファイアと鑑別される．それが多過ぎて 5 % 以上になると灰色のエメリーと呼ばれる灰色の工業用の研磨用途の鉱物になり，価値はなきに等しくなる．しかし，ルビーが希少な宝石なのはそれだけではなく，コランダムに適度なクロムが含まれるということ自体が稀にしか起きないのである．なぜなら，クロムは珪酸分の少ない塩基性の火成岩に含まれるが，コランダムは一般には珪酸分の多い酸性岩質の，しかも珪酸分が多過ぎるとほかの鉱物になってしまうという微妙な条件の下で生成する．通常ならコランダムにクロムが含まれることはあり得ないが，実際にはルビーは存在するので，何か特別なことが起こったことを示している．それはルビーが成長した地層がクロムを含む塩基性の地層に接触したり貫入したといった，大規模な地殻変動を想定せねばならない．事実インド大陸がユーラシア大陸に衝突し，もぐりこんでヒマラヤ山脈を作ったことが数千万年前に起こったとされている．アジアにルビーの産地が集中しているのは，過去の地殻変動と特別な地層という条件が重なったためである．

古来からルビーが尊重されたのは，ほかに類のない輝かしい深紅の色合いによる．これには，図21において，不純物として含まれる微量のクロムが CrO_6 の八面体を形成することに原因がある．ルビーの吸収スペクトルを測ると，図22にあるように可視領域に R, U, B, Y の 4 つの吸収がある．これらの吸収は 3 価のクロムイオンが持つ 3 個の d 軌道に入った電子が飛び飛びのエネルギー準位を持つからである．電子の軌道が CrO_6 八面体の酸素に向かっているか，酸素－酸素の間に向かっているかによってエネルギーが違う．そして，図22の U 帯に見られるように，黄緑から緑の領域に強い幅広い吸収が見られ，これがルビーの深紅の色に寄与している．3 価のクロムイオンを持つ代表的な化合物にクロムミョウバン（$KCr(SO_4)_2 \cdot 12H_2O$）がある．この化合物も CrO_6 八面体の構造を持ち，可視領域に 4 つの吸収

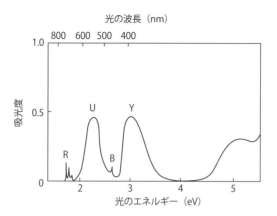

図22 ルビーの光吸収スペクトル
[出典：稲場秀明 著，氷はなぜ水に浮かぶのか
―科学の眼で見る日常の疑問，丸善，1998]

があり，きれいな赤紫の結晶を作る．このことは，CrO_6 八面体の3価のクロムイオンが発色の原因であることを示している．

　ルビー結晶にキセノンランプなどの強い光を照射すると，**図22** のU帯，Y帯で光が吸収され，クロムイオンが高いエネルギー状態になる．その結果，このエネルギーがR線（694 nm付近）の赤の発光として放出される．この光を向かい合った2枚の鏡で閉じ込めると，レーザー作用が起きる．これがルビーレーザーである．不純物として含まれるクロムイオンが，広範な周波数帯域の電磁波のエネルギーを受け取ると，原子が励起されて高いエネルギーレベルまで持ち上げられる．入射するエネルギーが絶たれると，再び元の低いエネルギー状態に落ちていくが，その際に受け取ったエネルギーを，赤い光に相当する電磁波として放射する．ルビーに光を当てると赤の蛍光が見えるのはそのためである．

まとめ　ルビーは，サファイアと同じコランダム鉱物に属し，鮮やかな紅色を示す．色の原因は1%程度含む不純物のクロムが CrO_6 の八面体を形成することによる．3価のクロムイオンが持つ3個の電子の軌道のエネルギー準位により，黄緑から緑の領域に吸収が起こり，これがルビーの深紅の色に寄与している．

22話　水晶の色の原因は？

　石英は二酸化珪素（SiO_2）が六方晶系の結晶構造を持っている物質で，水晶，クオーツ，クリスタルといろいろな名前で呼ばれる．このうち無色透明な結晶を水晶と呼んでいる．ほかの色付きの水晶と区別するため白水晶と呼ぶこともある．

　水晶の結晶構造は，Siを中心にして4つのOが正四面体をつくって結合していて，そのOが次のSiと結合して，それが3次元的につながった巨大分子構造である．結合はすべてSi－Oでできているので，着色の原因がない．したがって，水晶は無色透明である．

　水晶に不純物や格子欠陥によって色のついたものを色つき水晶という．水晶の発色原因は，主に不純物の混入とX線やガンマ線などの放射線によってできた格子欠陥によるもので，主要構成元素のSi，Oによるものではない．紫水晶，黄水晶，煙水晶，黒水晶の発色原因はいずれも，不純物欠陥に電子（または正孔）が捕獲され特定のエネルギー準位を持つもの（色中心，カラーセンター）である．色中心とは，イオン結晶中の点欠陥に電子や正孔が捕捉されたある種の格子欠陥のことである．特定の波長の光を吸収して色がつくため，このように呼ばれる．

　紫水晶（アメシスト）は紫色の水晶である．紫色の発色はケイ素を置換した微量の鉄イオンによる色中心が原因と考えられている．最近の研究ではアルミニウムも関係しているとの説がある．不純物のアルミニウムや鉄イオンによる色中心の仕組みは，SiO_4の正四面体のSiの位置にAl^{3+}やFe^{3+}が置き換わったものにX線やガンマ線が当たると，以下の反応が起こる．

$$(AlO_4)^{5-} \rightarrow (AlO_4)^{4-} + e^- \qquad (5)$$
$$(FeO_4)^{5-} \rightarrow (FeO_4)^{4-} + e^- \qquad (6)$$

　これらの右辺のイオンおよび電子が光吸収を行うことになる．この考え方以外に，放射性元素から放出されるガンマ線で，Fe^{3+}から電子（e^-）が飛び出して，一時的に4価の鉄イオン（Fe^{4+}）に変わるという説がある．Fe^{4+}は常に励起した状態で緑色の光を吸収し，透過光は補色に当たる赤紫色に変わる．そして弾き出された電子は周囲の結晶空隙に残っているFe^{3+}に吸収されてFe^{2+}に変わり，元からあったFe^{2+}とともに青色を呈するため，両者のバランスで紫色になると推定されている．紫水晶を加熱するとレモン色や黄色に変わりやすくなる．紫外線など直射日光

が当たると次第に色が褪せてくる．

　黄水晶の黄色の発色は紫水晶と同じように鉄イオンによる色中心が原因である．Fe^{3+} は青色の光を吸収しやすく透過光は補色にあたる黄色となる．天然の黄水晶の産出は少なく，市場に出回っている黄水晶のほとんどは紫水晶を熱処理して黄色にしたものである．

　紅水晶はローズクォーツともいわれ，薄いピンク色の水晶である．この色は，不純物として混入している微量のチタン，鉄，マンガンによるといわれる．結晶構造に組み込まれた Ti^{4+} が，青〜緑色の光を吸収し補色として薄い紅色に見えるという説が有力である．ローズクォーツのピンク色は光に敏感で褪色しやすい性質がある．ローズクォーツは内部に微細な金紅石（ルチル）の針状結晶をインクルージョンとして持つ場合があり，スター効果を示すものもある．

　煙水晶（スモーキークォーツ）は茶色や黒っぽい煙がかったような灰色に色づいた水晶である．発色する原因ははっきりとは分かっていないものの，ケイ素を置換した微量のアルミニウムイオンが特に多量の放射線を受けると色中心となり，光を吸収するため灰色に見えるためとされている．受けた放射線の量が多いほど色が濃くなる．放射性元素から放出されるガンマ線で Al^{3+} から電子が飛び出すと，不安定4価のアルミニウムイオン（Al^{4+}）に変わり，逆に電子を放出することでイオン半径がさらに小さくなり，Si^{4+} の空隙にスッポリと納まって準安定化すると推測される．Al^{4+} は常に励起した状態で広範囲の波長の光を吸収するため，全体に黒っぽく見える．放射線照射をして色をつける場合が多いが，400℃に熱すると色は消える．また放射線を当てると再び発色する．

純粋な水晶 → 無色透明
色つき水晶 〜 色中心 による
色中心 → 不純物欠陥に電子や正孔が捕捉されたもの

紫水晶 〜 不純物の Al^{3+} や Fe^{3+} による
黄水晶 〜 紫水晶を加熱すると得られる
紅水晶 〜 主として Ti^{4+} が青〜緑の光を吸収
煙水晶 〜 微量のアルミニウムイオンが多量の放射線を受けて光を吸収
緑水晶 〜 結晶中に Fe^{3+} と Fe^{2+} を含む
変わり水晶 〜 包有物や形態の違う結晶を含むもの

図 23 水晶の色

緑水晶は微細な角閃石などが水晶中に含まれ，全体が緑色を呈色して見える水晶である．結晶中に Fe^{3+} のほかに相当量の Fe^{2+} を含んでいた場合，黄色と青色が混ざった緑水晶になる．

　インクルージョン（内包物または包有物）を含んだり，結晶の形が変わって見えるものを変わり水晶という．大別して，水晶の包有物によるものと，形態によるものがある．針入り水晶は水晶の結晶中に金紅石（ルチル）の針状結晶がインクルージョンとしてあるものである．とても細い金色の針が入り込んだように見える．ススキ入り水晶は水晶の結晶中に電気石などの柱状の鉱物がインクルージョンとしてあるもので，細い苦土電気石が入り込むとほのかに緑色にみえ，まさにススキのように見える．

> **ま と め**　水晶（SiO_2）は無色透明の結晶だが，不純物や格子欠陥によって色のついたものを色つき水晶という．紫水晶の発色は微量の鉄イオンに放射線が当たってできた色中心による．黄水晶の発色は不純物の Fe^{3+} が青色の光を吸収し，透過光は補色にあたり黄色となる．紅水晶は微量の Ti^{4+} が，青緑色の光を吸収し補色として薄い紅色に見える．

第5章

色素と染料

私たちの衣服は染めることによって色とりどりの装いが可能となっている．この章では，天然染料による染め方，合成染料の種類と繊維の種類による染め方の違い，染料が色を出す理由，漂白で色が白くなる理由について述べる．

23話 色素と染料と顔料は何が違うか？

　色素は，可視光の吸収または放出により物体に色を与える物質の総称である．色素には無機化合物と有機化合物がある．光の干渉による構造色や真珠状光沢など，可視光の吸収あるいは放出とは違う原理による色素もある．

　染める際には染料か顔料を使う．染料や顔料の多くは色素である．染料，顔料は使い方も違うが，物性も大きく違う．染料は水に溶ける色を持った物質で，天然染料や合成染料がある．顔料は水やアルコールに溶けない粒子状の着色剤，いわゆる絵具で，無機顔料と有機顔料がある．

　染料は分子として，顔料は粒子として着色する．日本画や油絵は顔料，インクや食紅などは染料を使用する．顔料はそれ自体では素材表面に付かないので，オイルや樹脂，タンパク質などで固着させる．染料はそのまま素材に染み込むが，水などに濡れると溶け出す．しっかりした色を出したいときや日光による劣化を気にするときは顔料，鮮やかな色彩や透明感を出したいときは染料という使い分けになる．

　色素の色は，光の吸収あるいは放出により物質を構成する電子と光子の相互作用の結果である．電子のエネルギー準位に相当する光の波長は多くの場合紫外領域にあり，分子の振動に相当する光の波長は赤外領域にある．したがって，可視光を吸収あるいは放出する色素となりうる物質は限られている．実際には，色素が光の吸収あるいは放出した光に，表面散乱や反射，透過，屈折，干渉などの光学的な効果が重なる．したがって，色素の色とそれを含む物質を眼で見た色とは必ずしも一致しない．

　生物において，色彩を持つことが重要である．色素の代表が光合成色素である葉緑素（クロロフィル）である．葉緑素は太陽光の中から赤の領域の光エネルギーを効率よく吸収するための色素である．それに加えて，光エネルギーの収集効率を上げるためにわずかに極大吸収が違う複数の色素が配置され，中心の色素分子に光エネルギーが集中するようになっている．**図 24** (a)にクロロフィルaの構造を示す．中央にMgがあり，窒素原子と結びついているのが特徴である．クロロフィルbも似たような構造で，末端基が少し違うだけである．クロロフィルa，bによる光の吸収は680 nmと700 nm付近の波長の光に吸収ピークがある．これらの赤の吸収により葉緑素を含む植物の色は私たちの眼には緑色に見える．

　クロロフィルの構造とよく似たものに赤の血色素のヘムがある．**図 24** (b)に

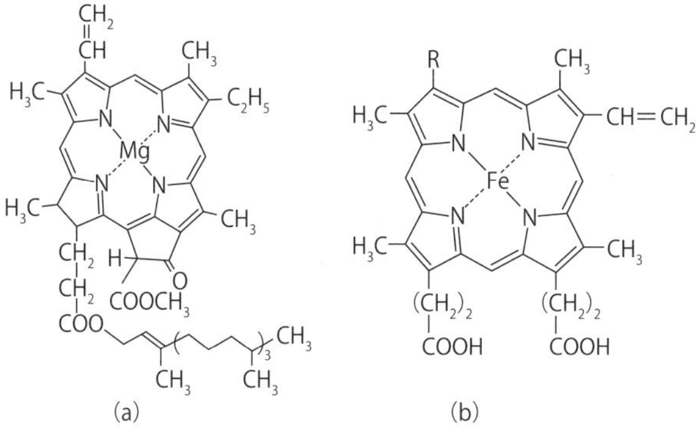

図 24　クロロフィル a (a) およびヘムの構造 (b)

ヘムの構造を示す．赤血球の中にあるヘモグロビンという血色素はヘムとグロビンというタンパク質が結合したもので，肺から取り入れた酸素を全身の組織に運ぶ役割を果たしている．ヘムの構造はクロロフィルと似ていて，大きな違いは Mg の代わりに Fe が入っている．鉄が不足すると血色素が作れず貧血を起こすのはヘムの構造に原因がある．ただ，血色素は青と緑の光を吸収してもそれを何かに利用しているわけではない．

クロロフィル類以外にもカロテノイド（黄色，橙）やフィコビリン（赤，青）なども光合成色素である．色素は植物だけでなく動物や細菌でも光受容体が光シグナルを受容する重要な役割を果たしている．その代表はヒトの色覚フォトプシン類である．植物では，日長を測定して開花を調節するなどさまざまな役割を持つフィトクロムがよく知られている．また紫外線による DNA 損傷を防止するメラニンの機能も色が生物学的機能を持つ例である．

まとめ　色素は，可視光の吸収あるいは放出により物体に色を与える物質の総称である．物質に色をつけて染めるときに染料か顔料を用いるが，それらの多くは色素である．染料は水に溶けるのに対して顔料は水やアルコールに溶けない．染料は分子として作用して着色するが，顔料は粒子として作用して着色する．

24話　天然の染料はどのように染めるか？

　古代から染料としてさまざまな動物や植物から抽出した天然色素が用いられてきた．植物由来の染料はアカネ，アイ，エンジュ，ウコン，ベニバナ，ムラサキ，ログウッドなどがよく知られている．それ以外でも玉葱，緑茶，紅茶，コーヒー豆，花や葉・茎・根・木の枝葉・樹皮などどんな植物を使っても何らかの色は出る．動物由来のものとしてはイボニシなどから得られる貝紫やエンジムシから得られるコチニールがある．これらの色素の多くは大量の天然物を処理してもわずかな量しか得られないため，希少品で使用が限られていた．鉱物染料は着色力を持つ可溶性の無機化合物で，大島紬を染めるのに使う泥や過マンガン酸カリウム，コバルトの錯塩などである．なお，黄土や赭土・赤土・弁柄などは鉱物染料とされることがあるが，これらは水に不溶性なため顔料の中に入れるべきである．

　天然の植物を植物染料として染める方法を草木染という．まず草木を手ごろな大きさに切り，煮出して色素を抽出する．煮出した汁に生地を入れ，適度な温度と時間で染み込ませる．草木の煮汁は洗えば落ちるので，媒染を行う．媒染で寝ぼけたような染みが，鮮やかな染めに変わる．草木染めは条件を一定に保つことが難しい．よくいえばその時々でさまざまな色を染めることができ，悪くいえば同じ色を染めたくても同じものができない．季節によって植物に内包される色素の量は違うし，一つの植物の中にたくさんの種類の色素がある．それでたまたまの条件で好みの色ができることがあるが，それを再現することが難しい．

　媒染とは可溶性の染料分子を繊維の中で不溶性にすることである．繊維の中で水に溶けない状態になってしまえば，水で洗っても溶け出さず色落ちしない．媒染剤の主成分は金属イオンである．色素と金属が結合して，不溶性の錯体が生成される．使用する金属の種類によって色が変わる．現在ではいろいろな種類の媒染剤が市販されており，手軽にさまざまな色を出すことができる．ミョウバン（アルミニウムイオン）がいちばん手軽でスーパーでも買える．漬けものの発色などに使用されるくらいなので，多少口に入っても大丈夫とされている．同じ色で，色を濃くしたければ再び煮汁に投入し，繰り返す．

　媒染は染める前に行うこともあり，後に行うこともある．先媒染，後媒染と呼んでいる．後先を決める要因は，使う植物種によるし色素分子の大きさとか反応速度にもより，経験的なものが大きいようである．綿や麻などのセルロース系繊維は先

図 25 草木染めの方法

媒染を行う．媒染剤はミョウバン以外には鉄，銅，スズ，チタンなどが使われている．鉄はグレー系，銅は茶か緑，アルミは煮汁の色が鮮やかになり，スズはレモン色，チタンは赤色寄りである．同じ染料と媒染剤でも，綿と絹ではかなり発色が違う．綿はセルロース，絹はタンパク質が主成分で，それぞれの成分で官能基が違うためと考えられる．植物の灰から作った灰汁による媒染も行われるが，椿の灰汁が有名である．椿を燃やしてもほんのちょっとの灰しか得られずコストがかかる．椿灰の成分には，カルシウム，カリウム，アルミニウム，マンガン，リン，マグネシウム，バリウム，鉄，などが含まれ，この中のいくつかが発色に関与すると考えられている．染める素材として綿や麻，絹などが用いられる．

　天然染料は，衣服の染色に古くから用いられてきたが，現在では，工業生産の場においては，染色の堅牢性などに優れる合成染料が主に用いられている．しかし，自然志向などの消費者ニーズの多様化に応えるものづくり手法として，天然染料による染色を地域おこしとして行う試みが各地で取り組まれている．生き物から染まる色は，柔らかい色，優しい色などとよくいわれるが，なかなか原色には染まらないからともいえる．一つの植物の中にたくさんの種類の色素があり，いろんな色素が混ざってでき上がる染色はとても複雑な色になる．

> **まとめ**　天然染料は衣服の染色に使われてきたが，最近はほとんど合成染料が使われる．植物由来の染料は種類が多いが，どんな植物を使っても何らかの色は出る．草木を煮出して色素を抽出し，煮出した汁に生地を放り込む．それでも色は付くが，色を定着するためミョウバンなど媒染剤を加える．草木染では原色は出にくく中間色となることが多い．

25話 染料はどのように繊維に着いて色を出すか？

　染料は，色素のうち水に溶けて繊維に対して染まる力を持つ物質である．現在利用されている染料の多くは合成染料である．染色とは水溶性の染料分子と繊維の分子間の親和性による現象である．親和性とは分子の持つ電気的なプラスとマイナスの引力，水素結合，共有結合などによる引力である．染色される繊維の化学的性質によりその染色性が支配され，各繊維に対して適する染料がある．親和性の程度によって，同じ染料で同じ条件で染めても繊維の種類によって，染まり方が違う．染料と繊維との間の親和性が弱い場合に，両者を仲立ちする媒染剤を使うことで，染色できる場合がある．媒染剤に金属イオンやさまざまな有機物が使われている．

　羊毛・絹・ナイロンなどのポリアミド繊維は，分子末端にアミノ基およびカルボキシル基を持つので，それらと結合する染料が染着しやすい．羊毛・絹・ナイロン用染料としては，酸性染料が多く用いられる．酸性染料は分子量が小さく－SO_3Na を分子内に1～3個含む．酸性染料の一例として，オレンジⅡの構造を図26に示す．

　ポリアミド繊維の主鎖をW，オレンジⅡなどの酸性染料（D^-Na^+）の染料イオンを D^- とすると，酸性染料のポリアミド繊維に対する染着反応は次式の反応式で示される．

$$^+H_3N-W-COO^- + D^-Na^+ \rightarrow D^{-+}H_3N-W-COO^-Na^+ \quad (7)$$

　この式は，ポリアミド繊維の末端のアミノ基に染料のスルホン酸基が結合したと見ることができる．酸性染料の色と化学構造との関係を見ると，黄色，橙，赤，茶，紺，黒はアゾ系染料（－N=N－を含む）で，紫，青，緑系はアントラキノン系染料が主体となっている．ウール用に反応性染料が高堅牢度が要求される場合に使われている．

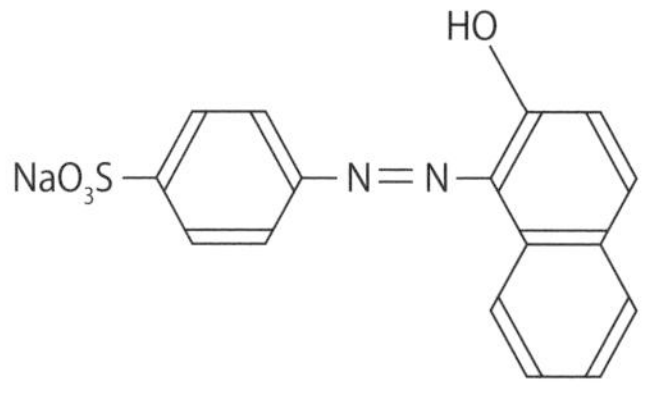

　木綿・麻・レーヨンを形作るセルロースの分子は，OH基と水素結合できるOH基，COOH基や NH_2 基を持つ染料が染着しやすい．セルロースの分子は細長いので染料分子も直線的なものであることが必要である．セルロース分子が結晶化しているところには染料分子が入り込

図26　オレンジⅡの構造

むことができないので，染着の反応は非結晶部分で起きる．

　セルロース系繊維のための染料としては，直接染料，アゾイック染料（ナフトール染料），硫化染料，建染染料（バット染料，スレン染料），反応性染料が用いられる．直接染料のほとんどがアゾ基を持ち，スルホン酸基によって水溶性となっている．色は鮮明とはいえず，耐光性，耐洗濯性は不十分である．アゾイック染料は，染色する繊維にナフトール類のアルカリ塩を下漬し，これにジアゾ化合物を反応させて不溶性のアゾ色素を形成して発色させる．耐光性は中程度で耐洗濯性はすぐれている．硫化染料は水に不溶であるが，硫化ナトリウムで還元すると溶けて染色が可能となる．これを酸または空気中で酸化して発色させる．耐光性，耐洗濯性に優れている．建染染料はセルロース系繊維の染色に優れている．アルカリ性の還元剤で水溶性にして繊維に吸着させた後に空気酸化して発色させる．耐光性，耐洗濯性に優れている．反応性染料は繊維との間で共有結合を与えて鮮明で堅牢な色を与える．染料の分子には，水溶性にするためのスルホン酸基，水酸基，アミノ基などの基，反応性を与えるための反応性基を持っている．反応性染料は洗濯，摩擦，光にも強く，鮮明な色を与える．

　アクリル繊維は，－CN 基を持ちマイナスの電気を帯びているので，プラスの電気を帯びた染料分子が必要である．そのためにカチオン染料が開発された．カチオ

表4　各種染料の特徴，対象繊維，着色の堅牢性

	特　　徴	対象繊維	着色の堅牢度
直接染料	SO_3 基，COOH 基などを持つ平面構造，水素結合により溶液から直接染着	綿，麻，羊毛	中程度，洗濯性が低く後処理が必要
反応染料	繊維の OH 基や NH_2 基と共有結合	綿，麻，羊毛，ナイロン	日光，洗濯，摩擦に強い
酸性染料	SO_3 基，COOH 基を持ち，酸性浴中でポリアミド系繊維にイオン結合で染着	羊毛，ナイロン，絹	まちまち，媒染したものは良好
塩基性（カチオン）染料	アミンの第四級塩を分子内に持つ．イオン結合で染着	アクリル	耐日光性が改良
分散染料	水に難溶，分散剤を用いて微粒子に分散，物理的な吸着で染着，染料の分子量が小さい	ポリエステル，アクリル，ナイロン	まちまち
建染染料	水に不溶，アルカリ性還元浴で還元してロイコ化合物が繊維と染着，染着後空気酸化で元の染料に戻る	綿，麻，レーヨン	日光，洗濯，酸塩基に非常に強い

ン染料は水溶液中で陽イオンとなる染料で，$-NH_2$，$-NHR$ などの基を持ち，酸と塩を作っている．濃色で鮮明な染色性を与え，欠点とされていた耐光性，耐洗濯性も改良されてきている．

　ポリエステルは分子の結晶性が高く構造が緻密で染色しにくい繊維である．ポリエステルでは通常，分散染料が使われる．分散染料は，繊維の非晶部分の隙間から染料分子が繊維内部に拡散していくことで色がつく．ポリエステルは緻密な構造なため，染料分子が拡散しにくいので通常は 130 ℃ の高温高圧下で染色を行う．常温になると高分子鎖の隙間は元に戻るので，染料分子が閉じ込められる．**表** 4 に各種染料の対象繊維，着色の堅牢性，繊維との結合の種類を示した．

まとめ　　染色は水溶性の染料分子と繊維分子間をイオン結合，水素結合，共有結合によって両者を結びつける．羊毛・絹・ナイロンには，繊維の分子末端のアミノ基と結合するスルホン酸基を持つ酸性染料を用いる．木綿などの繊維にはセルロースのヒドロキシ基と水素結合する染料を用いる．CN 基を持つアクリル繊維にはカチオン染料を用いる．

26話　染料が色を出す理由は？

　染料に必要な性質は，水などに溶け，染めようとする繊維によくつくこと，それに，色を持っていることである．色を持つには可視光の領域に吸収があることが必要である．では，どうすれば可視光の領域に吸収を持つようになるのだろうか？

　有機化合物と色との関係を学説として初めてまとめたのはドイツ人化学者ウィットである．この理論に基づき研究と実用化が進められ，19世紀終わりから石炭化学を基にした染料化学工業が盛んになった．ウィットは色を発現する化学構造に発色団という名称を与え，染色性を高めるための置換基を助色団と命名し，両者から色素が形成されるとした．発色団は以下の化学結合で，

$$>C=C<, \ >C=O, \ >C=S, \ >C=N-, \ >N=N<, \ -N=O \tag{8}$$

次の置換基を助色団とした．

$$-CH_3, \ -OH, \ -NH_2, \ -NHR, \ -COOH, \ -Cl, \ -NO_2, \ -SO_3H \tag{9}$$

　そして，発色団を持つ化合物を色原体と呼んだ．色原体そのものに色がなくても，それに助色団がつくことによって染料として使えるようになるとした．この考え方は新しい染料を開発するうえでずいぶん役に立った．しかし，この説はあまり厳密なものではなく，事実と合わないところもあった．

　多くの染料はベンゼン環，ナフタレン環などの環状要素と，アゾ基，アントラキノン基などを含んでいる．アゾ基は**図26**に見られるように，ベンゼン環などとともに共役二重結合を形成している．共役二重結合とは二重結合が一つおきに連なったもので，これが長くなるほど，分子の励起がより低いエネルギーで起こるため，長波長の光を吸収する．例えば，ブタジエンは$-C=C-$の数が2個で，吸収波長は217 nmと紫外の領域にあるが，$-C=C-$の数が10個のα-カロテンの吸収波長は445 nmと可視の領域に入ってくる．

　同様のことは，染料の骨格を占めることが多い芳香族系の分子にもいえる．ベンゼン（$-C=C-$の数が3個）の吸収波長は255 nm，ナフタレン（5個）の吸収波長は285 nm，アントラセン（7個）の吸収波長は375 nm，ペンタセン（9個）の吸収波長は477 nmと長波長側にシフトしている．同時にモル吸光係数も大きくなっていく．

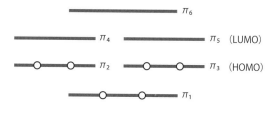

図27 ベンゼンのπ電子のエネルギー準位と占有状態

　染料の着色の原因については量子化学的な解釈が一般的である．まずベンゼン分子の化学結合について考える．結合に関与する炭素電子は2S軌道に1個と2P軌道に3個あり，2P軌道の2個の電子2Px軌道と2Py軌道は2S軌道とSP^{2}混成軌道を作って水素原子とσ結合を同一面内につくる．残りの2Pz軌道はσ結合と垂直の方向にあってπ軌道と呼ばれる．ここでπ軌道に着目すると**図27**のように$\pi_1 \sim \pi_6$まで6個のπ軌道が生じる．ベンゼン分子のπ軌道には電子が6個，エネルギーの低い順に入る．占有軌道の中で最もエネルギーの高い軌道を最高被占軌道（HOMO）と言い，電子の入っていない軌道で最もエネルギーの低い軌道を最低空軌道（LUMO）という．LUMOとHOMOのエネルギー差がベンゼンの光の吸収のエネルギー255 nmに対応する．

　いろいろな分子について，分子軌道法でLUMOとHOMOのエネルギーを計算することができるので，光の吸収のエネルギーの説明や予測に使うことができる．分子軌道法によって共役二重結合の数が増えるとLUMOとHOMOのエネルギー差が小さくなることを示すことができるし，アミノ基やスルホン酸基などが染料分子に入るとLUMOとHOMOのエネルギー差が微妙に変わることを示すことができる．

　ま と め　染料はベンゼン環，ナフタレン環などの環状要素と，アゾ基，アントラキノン基などを含んでいることが多い．これらの事実から発色団と助色団説が過去に一定の役割を果たした．現在は，分子軌道法の計算で吸収スペクトルが解釈されている．アゾ基などはベンゼン環などとともに共役二重結合を形成し可視光の吸収を示すことが説明される．

27話　漂白でなぜ色が白くなるか？

　漂白剤は，食べこぼしなどのシミに含まれる色素や，時間がたって変質したり，繊維の奥まで入り込んで落ちにくくなった汚れを分解して，落ちやすくする．汚れのうち，しょう油，ソース，ケチャップ，コーヒーなどは洗剤でも落ちる．皮脂，紅茶，赤ワイン，リンゴ果汁，カレー，血液，口紅などは漂白剤が必要である．接着剤やチュウインガムは漂白剤でも落ちないので，別の方法が必要となる．

　漂白剤の種類には，過炭酸ナトリウム，過ほう酸ナトリウム，過酸化水素などの酸素系酸化剤，次亜塩素酸ナトリウム（NaClO），ジクロロイソシアヌル酸ナトリウムなどの塩素系酸化剤，ハイドロサルファイト，二酸化チオ尿素，亜硫酸（H_2SO_3）などの還元漂白剤が使われている．塩素系および還元系は基本的に，白物にしか使えない．特に塩素系は，生地を傷めやすく，使っているうちに生地が薄くなっていく．そのため衣類には通常，酸素系が使われる．

　酸化漂白剤は，例えば次亜塩素酸ナトリウムの場合（NaClO → NaCl + O）の反応で原子状の酸素を生成し，汚れの成分を攻撃し分解する．還元漂白剤は，例えば亜硫酸の場合（$H_2SO_3 + H_2O → H_2SO_4 + 2H$）の反応で原子状の水素を生成し，染料の分子を攻撃し分解する．

　例えば，汚れの成分が染料のアゾ基などの共役二重結合を含んでいると，その部分は反応性に富んでいる．原子状の酸素または原子状の水素のような非常に反応しやすい物質がくると，アゾ基などは容易に分解される．分解された染料の分子はもはや共役二重結合を含んでいないので色を吸収する成分がないので白く見え，漂白される．

　塩素系の漂白剤は優れた漂白力を持つので，家庭用だけでなく工業用としても幅広く使われているが，使い方によっては有害なガスを発生するので注意が必要である．塩素系の漂白剤とトイレ用洗剤などの酸性薬剤を混ぜて使用すると，次亜塩素酸が分解して猛毒の塩素ガスが発生する．その反応式は，

$$NaClO + 2\ HCl → NaCl + H_2O + Cl_2 \tag{10}$$

と表わせる．そのために死亡する事故が発生したこともある．塩素系漂白剤には「混ぜると危険」という注意書きがしてある．

　液体の酸素系漂白剤は色柄物や窒素を含んだ繊維などにも使用できる．例えば，

過酸化水素は塩素系漂白剤と違い，繊維を傷めずシミや汚れの色素を破壊してくれるのが特徴で，色柄物を含む衣類全般に使うことができる．

還元漂白剤は，酸化漂白で落ちないシミが落せ，白物用の漂白剤として市販されている．鉄分の多い水による黄バミの回復，洗っても落ちない鉄サビ，赤土の黄色いシミの回復などに有効とされているが，色素を破壊する性質を持っているので色柄物の衣類には使わないほうが無難である．

これらの漂白剤とは別に，洗剤中に蛍光増白剤と呼ばれる成分が混ざっていることが多くある．これは漂白剤ではなく，人間の色感覚を巧みに利用した増白剤である．白い繊維が黄ばんできたとき，黄色の補色である青の光が混ざってくれば白く見える．蛍光増白剤が大陽光中の波長 300〜400 nm の紫外線を吸収して 400〜450 nm の青の光を出すと，青の光と繊維の中にある黄色い反射光が混合して純白色に見える．蛍光増白染料は，各繊維に適したものが多数開発されており，構造的にはセルロース繊維用（直接染料型）の大部分を占めるジアミノスチルベン系が最も多く，ほかにイミダゾール系，クマリン系，ナフタルイミド系などがある．

> **まとめ** 漂白剤は，酸素系酸化剤，塩素系酸化剤，還元漂白剤があるが，原子状の酸素か水素で汚れ成分を化学的に分解して汚れを取る．汚れの成分が共役二重結合を含んでいるとそれを分解し色が消えて白く見える．洗剤中に蛍光増白剤があると，黄ばんだ白い繊維が太陽光中の紫外線を吸収して青い光を出し，黄色い光と混合して純白色に見える．

第6章

顔　　料

顔料は古くから用いられている着色剤の一種だが，染料とどのようにちがうのだろうか？　この章では，顔料の性質，無機顔料と有機顔料の違い，色が出る理由，プラスチックへの着色方法，インクでの染料と顔料の違い，顔料の用途について述べる．

28話　顔料とはどのようなものか？

　染料に似て色を出す物質に顔料と呼ばれるものがある．染料と顔料の違いは，しばしば「コーヒーと砂糖のようなもの」と例えられる．顔料は粒子が大きく（数 μm 程度）コーヒーのように水に溶けきれず，小さな粒子として溶剤の中に分散した形で存在する．染料は，砂糖のように水に溶けた状態で存在する．

　染料は水に溶けているので，色が着きやすいものの耐水性が劣る．しかし，発色するにあたっては分子状態で発色するため，その色素数は多く濃度の高い鮮やかな色となる．反面，光に長い時間当たると色褪せる問題点がある．顔料は溶剤に溶けない物質で，溶剤の中で均一に混ざった状態で筆記できるインクとなる．顔料は染料に比べて耐光性や耐水性に優れている．しっかりとした色を出したいときや日光堅牢度を気にするときは顔料，鮮やかな色彩や透明感を出したいときは染料という使い分けがなされている．

　フランス西部にあるラスコーの洞窟には，およそ 1 万 5000 年前の旧石器時代に描かれた絵が残っている．そこには，ウマやヤギ，ヒツジやウシ，人間のほか，幾何学模様などが，黒，赤，黄，褐色などの色を使って描かれている．6 世紀に作られたとされる福岡県の王塚古墳では，白，赤，黄，緑，青，黒などの絵の具が使われていた．白は白土（珪酸アルミニウム），赤は弁柄（赤鉄鉱），黄は酸化鉄を含む黄土粘土，緑は海緑石（鉄を含むアルミノ珪酸塩），黒はマンガン鉱あるいは木炭が原料であることが分かっている．

　顔料の種類は，自然の中に存在する自然物もあり，人間の手によって作られた合成物もある．無機の顔料としては天然鉱物顔料と合成無機顔料があり，有機の顔料はほとんどが合成されている．また，有機色素に無機塩などを加えて不溶性にしたレーキがある．

　顔料は粒子であるため色素数が少なく，色の濃度も低くなる．元々顔料は泥絵の具，岩絵の具として数万年前の太古より使われてきたもので，現在の絵の具も土や鉱物の合成金属化合物や石油化学合成による顔料が多数使われている．顔料は水や油に溶けきらず，絵の具を画用紙の上に塗りつける方法で着色する．顔料はあまり透明性がないが，耐水性があり，紫外線などへの耐候性もある．

　顔料は，塗料，インク，合成樹脂，織物，化粧品，食品などの着色に使われている．顔料はそれ自体では素材表面に付かないので，樹脂，タンパク質などの接着剤

で固着させる．また，顔料の粒子は均一に分散しにくいので，溶剤を主成分とする比較的無色の原料と混合するなどして，塗料やインクなどの製品となる．それらの接着剤や溶剤はバインダー，ビークルあるいは展色剤と呼ばれている．

　白色光が顔料に当たると，一部の波長は顔料に吸収され，ほかの波長は反射される．この反射された光のスペクトルが人の眼に入ると色として感じられる．単純にいえば，青い顔料は青い光を反射し，ほかの光を吸収する．顔料は蛍光物質や燐光物質とは異なり，光源の波長の一部を吸収して除去するだけで，新たな波長の光を追加することはない．顔料を見た色は，光源の色と密接に関連する．太陽光は色温度が高くスペクトルも均一に近いため，標準的な白色光と見ることができる．人工的な光源にはスペクトルになんらかのピークや谷間があるので，太陽光の下で見たときとは色が違って感じられる．色を色空間で数値的に表す場合，光源を指定しなければならない．多くの場合，特に指定がない限り D 65 と呼ばれる光源で測定したと仮定される．D 65 とは "Daylight 6500 K" の略で，ほぼ太陽光の色温度に対応している．色の濃さや明るさといった属性は，顔料と混ぜ合わせた別の物質によっても変わってくる．顔料に加える展色剤や充填剤もそれぞれに光の波長の反射・吸収のパターンを持ち，最終的な色のスペクトルに影響を与える．同様に顔料を混ぜる量によっては，個々の光線が顔料粒子に当たらずに反射されることもある．このような光線が色の濃さに影響する．純粋な顔料は白色光をそのまま反射することはほとんどなく，見た目の色は非常に濃いものとなる．しかし大量の白い展色剤などと少量の顔料を混ぜると，色は薄くなる．

まとめ　顔料は粒子が分散していて水に溶けないので耐水性や耐候性がある．顔料は塗料，インク，合成樹脂，織物，化粧品，食品などの着色に使われている．顔料はそれ自体では素材に付かないので，樹脂，タンパク質などの接着力のある物質と溶剤を用いて固着させる．顔料に当たった光の一部の波長が吸収され，残りの光が色として感じる．

29話 無機顔料はどのようにして色が出るか？

無機顔料は大別して天然鉱物顔料と合成無機顔料に分類される．顔料は油脂類を燃やした際の煤を使用した黒色以外は自然の鉱物を粉砕したものが主体である．白色顔料は，亜鉛華（ZnO），鉛白（PbO），二酸化チタン（TiO_2），炭酸カルシウム（$CaCO_3$），硫酸バリウム（$BaSO_4$）などが用いられる．これらは可視領域の光を吸収しないので白色である．

黒色の煤はカーボンブラックと呼ばれ，多様な用途に使用されている．煤は図28に示すように炭素のベンゼン環が平面状に連なり，それが層状になったグラファイト構造をとる．

ベンゼン環が平面状に連なっいると π 電子が平面に垂直に多数あるので，いろいろな波長の可視光を吸収する．それで，グラファイト構造を持った炭は黒い．

赤色には弁柄が使われる．弁柄の主成分は Fe_2O_3（ヘマタイト）である．ヘマタイト結晶中の鉄は Fe^{3+} イオンの状態で，6個の酸素イオンによって八面体的に囲まれている．ヘマタイトが 2.0 eV（620 nm の光の波長に相当）より高いエネルギーの光を吸収すると，酸素イオンの p 電子の軌道を回っていた電子が，Fe^{3+} イオンの d 軌道に飛び移る．このような光学遷移のことを電荷移動遷移と呼ぶ．電荷移動遷移が起ると，2.0 eV よりも高いエネルギーの光の橙から紫までを吸収し，赤だけが吸収されないのでヘマタイトは赤く見える．それ以外の赤の顔料には，鉛丹（Pb_3O_4），朱（HgS），カドミウム赤（CdS・CdSe）などが使われる．

黄色には，黄鉛（$PbCrO_4$），亜鉛黄（$ZnCrO_4$），カドミウムエロー（CdS），バリウムエロー（$BaCrO_4$），コバルトエロー（$K_3[Co(NO_2)_6]$）などが使われる．緑色には，エメラルドグリーン（$Cu(CH_3COO)_2 \cdot 3Cu(AsO_2)_2$），コバルトグリーン（CoO・nZnO），酸化クロム（Cr_2O_3）などが使われる．青色には，群青（$Na_8Al_6Si_6O_{24}(S_2)$），紺青（$KFe[Fe(CN)_6]$），コバルトブルー（$CoAl_2O_4$）などが使われる．紫色には，マンガンバイオ

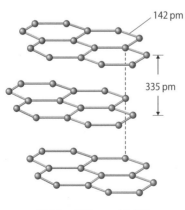

図28 グラファイト構造

レット（$(NH_4)Mn(P_2O_7)$），コバルトバイオレット（$Co_3(PO_4)_2$）などが使われる．

これらの物質の中に，Fe，Co，Ni，Mn，Cr，Cu など 3d 軌道に電子が不完全に満たされている物質が含まれている場合には，**図 29** に示すような d 軌道エネルギー準位の結晶場による分裂が光の吸収の原因と考えられる．例えば，Co^{3+} イオンは自由イオンの状態では d 軌道エネルギー準位は 5 個縮退*しているが，コバルトイエロー（$K_3[Co(NO_2)_6]$）中の Co^{3+} イオンは 6 個の配位子（NO_2）に八面体的に囲まれているため dxy，dyz，dzx の 3 つの

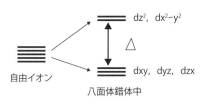

図 29 d 軌道エネルギー準位の結晶場による分裂

縮退した準位と，dz^2，dx^2-y^2 の 2 つの縮退した準位に分かれる．八面体の結晶場では dxy，dyz，dzx の 3 つの縮退した準位のほうが安定で，四面体の結晶場では dz^2，dx^2-y^2 の 2 つの縮退した準位のほうが安定になる．Co^{3+} イオンの電子配置は $3d^6$ で，dxy，dyz，dzx の 3 つの軌道に 6 個の電子が入る（**図 29** の上のほうに該当する）．そのエネルギー準位と dz^2，dx^2-y^2 の 2 つの励起準位との差（**図 29** で矢印で示す）が可視光のエネルギーの範囲になれば光を吸収することになる．

＊エネルギー準位の縮退：n 個の独立した状態が同じエネルギーを持つとき n 重に縮退しているという．d 軌道電子（自由イオン）は 5 重に縮退している．

ま と め　白色顔料は，可視領域の光を吸収しないので白色となる．黒色顔料はグラファイト構造を持ったベンゼン環の π 電子が広い範囲の可視光を吸収するので黒い．弁柄の赤色は，ヘマタイトの酸素イオンの p 電子が，Fe^{3+} イオンの d 軌道に移り 620 nm 以下の波長の光を吸収するからである．多くの無機顔料が鉄属原子を含むので d 軌道エネルギー準位の結晶場分裂による光の吸収が色の原因となる．

30話 有機顔料の特徴は？

有機合成顔料は，古くから使われていた生物由来の色をすべて作り出している．無機合成物の代替品としての有機顔料は，金属類の有毒性を緩和しつつ色持ちのよさを引き継いでいる．有機顔料には，水に不溶性な有機色素と，水に可溶性または難溶性な有機色素に無機塩などを加えて不溶性にしたレーキとがある．

水に不溶性の顔料色素でも染料と同じような構造のものも多い．例えば，古くから知られているパラレッドは，合成有機顔料で印刷用インクとして用いられるが，図30（a）に構造を示すように，ベンゼン環，ナフタリン環，アゾ基など染料と同じような構造単位を持っている．したがって，この顔料の発色の原因は，染料の場合と同様に，共役二重結合の存在による一部の可視光の吸収によると考えられる．

今では，黒を除いて主に有機顔料が使われている．古来の無機顔料に比べ色彩が鮮明で色相も豊かである．顔料の接着剤もアクリルエマルジョンが使われ堅牢度もよくなった．それは水中にアクリル樹脂を乳化したもので，接着剤，水性塗料にも使われている．エマルジョンが乾燥すると，アクリル粒子はくっ付くが，アクリル樹脂の連続皮膜を作るには熱をかける．皮膜を3次元化する架橋剤を添加するとより堅牢になる．

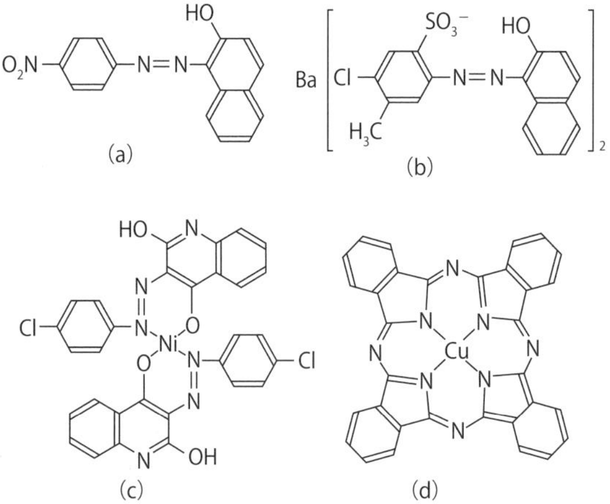

図30 有機顔料の分子構造
(a) パラレッド　(b) レーキレッドC
(c) グリーンゴールド　(d) フタロシアニンブルー

有機色素に金属イオンを加えて不溶性にしたレーキは，顔料として用いられている．図30 (b) に赤色のレーキレッドCの構造を示す．この構造で有機化合物の部分はアゾ染料と似た形であるが，SO_3^-とBa^{2+}がイオン的に結びついていて不溶化している．この赤色顔料は印刷インク，ゴムおよびプラスチック用の着色剤，色鉛筆などに使われている．

図30 (c) に黄緑のグリーンゴールドの構造を，図30 (d) に青のフタロシアニンブルーの構造を示す．グリーンゴールドは黄緑であるが，白色顔料で薄めると美しい黄色となり，エナメルやラッカーなどの金属光沢用塗料に使われている．グリーンゴールドとフタロシアニンブルーの構造の中心に，NiやCuがNやOと多配位的に結合している．これらをキレート化合物という．古くから用いられてきた茜も染めるとキレートになる．茜の主成分はアリザリンであるが，金属塩で媒染するとキレートになり発色する．

これ以外の代表的なレーキとしては，鉛を含む赤色のエオシンレーキ，紫のメチルバイオレットレーキなどがある．エオシンレーキは鮮やかな赤色で，クレヨン，タイプライターリボン，化粧品などに用いられている．メチルバイオレットレーキはメチルバイオレットの水溶液にタングストン酸を反応させて得た沈殿で，美しい紫色で，インク，塗料，絵の具などに用いられている．

> ㊕㊦㊉　有機顔料は，現在はほとんど合成されている．顔料の粒子を素材に固定する接着剤にアクリルエマルジョンが使われ堅牢度が向上している．有機顔料は染料と同じような構造単位を持つので，発色の原因は，共役二重結合による光の吸収による．有機顔料には，水に可溶性な有機色素に金属イオンを加えて不溶性にしたレーキが含まれる．

31話　化粧品用の顔料はどのように用いられるか？

　メイクするということは，顔を色で演出することともいえる．化粧品の色を付ける成分を色材と呼び，皮膚や毛髪に色を付けて美しく見せるほか，化粧品そのものの見た目をよくするため使われる．

　化粧品に色材を使う目的や効能には，皮膚または毛髪に色をつけることにより，美しく見せる，シミや毛穴，小じわなどを色で覆い隠すことにより，肌の欠点を目立たなくする，色が光をさえぎる効果により，紫外線による日焼けから肌を守ることなどがある．色材は無機顔料，有機合成色素，天然色素の3つに分けられる．有機合成色素は色調が豊富で鮮明であるが，皮膚刺激性から使用できないものもある．天然色素は動植物などから抽出されるが，有機合成色素に比べて着色力に劣り色落ちしやすいので，最近はあまり使用されていない．

　無機顔料は色彩の鮮やかさでは有機顔料に劣るが，耐光性，耐候性，耐溶剤性に優れている．色調のほか隠蔽力をコントロールする白色顔料，製品の剤形を保つための体質顔料，色調を調整する着色無機顔料がある．化粧用無機顔料の種類と特徴を図31に示す．

　酸化チタン（TiO_2）は，イルメナイトというチタン鉄鉱（$FeO \cdot TiO_2$）を原料にして作られる白色顔料である．おしろい，口紅，ファンデーションやサンスクリーン，ネイルエナメルなどのメイクアップアイテムに幅広く用いられる．結晶の構造によってアナターゼ型とルチル型に分けられるが，化粧品に配合されるのはルチル型がほとんどである．ルチル型のほうが被覆力，隠ぺい力（塗りつぶす力）に優れているからである．酸化チタンは優れた紫外線散乱剤であるが，真っ白なので肌の上で白浮きするのが欠点である．近年開発された中には白浮きしないものもある．一次粒子の直径が0.015〜0.05 μmと光の波長の1/10くらいしかなく，可視光線を反射しない．光の反射がないと眼は色を認識できないので白い色も見えない，すなわち白浮きしない．酸化亜鉛（ZnO）は，金属の亜鉛に強い熱をかけて酸化したり，炭酸亜鉛を熱分解したりして作る白い顔料である．被覆力が優れているので白色顔料としてメイクアップ製品に用いられる．また，消炎作用があるので日焼け後に使うカラミンローションにも配合されている．

　体質顔料は，色を付けるというより着色性や強度などを改善するために使われる白色顔料である．製品の肌への付着性，伸び，光沢などを調整する目的もある．タ

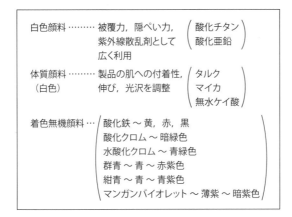

図31 化粧用無機顔料の種類と特徴

ルク（$Mg_3Si_4O_{10}(OH)_2$）は，滑石を微粉末になるまで砕いたもので，肌の上でよく滑り，おしろいやアイシャドウ，ベビーパウダーなどに用いられてきた．マイカは天然の含水ケイ酸アルミニウムカリウムで，一般的には白雲母を微粉末状に砕いたものが化粧品原料となる．マイカは体質顔料の一種であるが，肌にキラキラとした輝きを添える光輝性顔料でもある．無水ケイ酸（SiO_2）は，皮脂や汗をよく吸収する，製品に配合するとべたつきを抑えられる，光が乱反射するので毛穴を目立たなくする効果があるなど，メリットの多い原料である．ファンデーションや日焼け止めによく使われる．

着色無機顔料は有機顔料ほど色鮮やかではないが，耐光性，耐熱性に優れ，変色や退色しにくい特長がある．酸化鉄は，ファンデーションなどのメイクアップ製品に広く用いられている黄, 赤, 黒の顔料である．硫酸第一鉄（$FeSO_4$）を焼いて作るが，そのときの条件（温度，時間，空気吹込量）によってできあがりの色を変えることができる．焼成温度が低いほど黄色が強くなり，温度が高くなるにつれて赤～黒へと変化する．光，熱，薬品の影響も受けにくい優れた顔料であるが，油分の酸化を促進するという欠点がある．酸化クロム（Cr_2O_3）は暗緑色の粉末で，無水クロム酸を焙焼して作る．化学的な性質が非常に安定で耐熱性にも優れ，メイクアップ製品全般に多用されている．水酸化クロム（$Cr_2O(OH)_4$）は，青緑色の顔料で，酸化クロムより明るい緑色が出る．耐光性，耐酸・耐アルカリ性にも優れていて，酸化クロムと同じくメイクアップ製品に重宝される．

群青（$C_{18}Fe_7N_{18}$）は，青～赤紫色の顔料で主にアイシャドウなど眉目製品に用

いられる．カオリン，ケイ酸ソーダ，炭酸ソーダ，硫黄，還元剤を混ぜあわせ，700〜800℃で焙焼して作る．原料の配合比率や焙焼温度の調整によって色の違いを出す．紺青は，青〜紫青色の顔料で，メイクアップ製品に用いられる．日光や酸には強く，アルカリの水溶液と出会うと色があせる．マンガンバイオレット（$H_4MnNO_7P_2$）は，薄紫〜暗紫色の顔料で，酸化マンガンとリン酸水素二アンモニウムとを混ぜたものに熱を加えて作ったピロリン酸マンガンアンモニウムが成分である．隠ぺい力が大きく，アイシャドウなど眉目化粧品に用いられる．

　カーボンブラックは，天然ガスや液状炭化水素が不完全燃焼したり，熱分解されたりしたときにできる炭素から成る黒色顔料で，アイブロウやアイライナーなどに利用される．

まとめ　　無機顔料は色彩の鮮やかさでは有機顔料に劣るが，耐光性，耐候性，耐溶剤性に優れている．色調のほか隠蔽力をコントロールする白色顔料，製品の剤形を保つための体質顔料，色調を調整する着色無機顔料がある．酸化チタンはおしろい，サンスクリーンなどに幅広く用いられる．酸化鉄は黄，赤，黒，群青は青〜赤紫色，紺青は青色，酸化クロムは暗緑色，マンガンバイオレットは紫色の色材として用いられる．

32話 プラスチックはどのように着色されるか？

　プラスチックの着色は，一般に成形加工時に着色剤を混練して行う．成形加工は一般に180～290℃の温度で行われるので，染料および顔料はこの温度に耐えねばならない．染顔料自体の耐熱性は化学構造によって決まるが，ナイロンなどのプラスチックは高温下に構造破壊によって変色しやすくなる．耐候性も着色剤の化学構造によって違うが，一般に無機顔料が最もよく，次いで有機顔料，染料の順になる．染料はプラスチックに溶解状態で着色するので，親和性のないプラスチックでは色移行が起こり使用できない．染料が使用できる樹脂は，PS（ポリスチレン），PMMA（ポリメチルメタアクリレート），PET（ポリエチレンテレフタレート），ポリアミド，ポリカーボネート，硬質PVCなどに限られる．

　熱可塑性樹脂の場合は，樹脂の可塑化状態のもとで，短時間で分散させることが求められる．顔料は粒子状態であるので，生顔料を再凝集させることなくプラスチック中に混和させることは非常に困難である．そのため，分散剤（ビヒクル）を用いて加工し，分散させる．染料はほとんどのプラスチックに溶解するが，多くの場合，着色の安定のために分散剤が用いられている．

　プラスチック用着色剤は，大別すると粉粒状の加工染顔料と固形状の染顔料とに分けられる．粉粒状の加工染顔料は，顔料の単独使用における発色性，分散性の問題を改善するため，顔料の表面を分散剤で表面処理をしている．形状は粉状・粒状・ペースト状がある．ドライカラーと呼ばれるものは，染顔料と金属セッケンなどの分散剤を混合処理した粉状の着色剤で熱可塑性樹脂に使われる．ドライカラーに特殊な添加物を加えて顆粒状にしたものを顆粒状カラーと呼ぶ．顆粒の硬さがソフトなタイプとハードなタイプがある．ソフトタイプはプラスチック中への分散速度が速く色むらになりにくいが，汚染性はハードタイプに劣る．

　固形状の染顔料は，樹脂に高濃度の着色剤を練りこみ，プラスチックの成型時に規定の倍率で希釈するプラスチック用着色剤で，マスターバッチと呼ばれている．コストパフォーマンスが優れていて，形状はペレットや板状，フレーク状などである．

　PE（ポリエチレン），PP（ポリプロピレン）などのポリオレフィンは，熱可塑性樹脂の半分程度の生産量があり，あらゆる用途に使われている．ナチュラル樹脂は半透明で，鮮やかな着色が容易にできる．ポリオレフィン用の着色剤の問題

としては，熱安定性，耐候性などがある．ポリオレフィンの加工温度は 150 〜 300 ℃ で，着色料はこの温度に耐える必要がある．PP は PE に比べて顔料の影響を受けやすく，染色加工時の熱履歴によって劣化が進み，分子量の低下が問題となる．顔料の種類によって劣化を抑えるものもあれば劣化を促進するものもある．プラスチックの耐候性（光安定性）は，400 nm 以下の紫外線によって劣化する．カーボンブラック，酸化チタン，黄鉛，酸化鉄，銅フタロシアニンブルーなど多くの顔料は紫外線の吸収能力があるので，プラスチックの耐候性は，着色によってよくなる．しかし，群青は紫外線の吸収能力が低く，銅フタロシアニン顔料は遊離銅などの不純物が PP の劣化を促進するので注意が必要である．

　PS などスチレン系樹脂は，物性のバランス，成形加工性，熱安定性，寸法安定性もよいので，家電，OA 機器，家庭用品など人目のつきやすい外装部分に多用される．それで，着色のしやすさが重要な要素になるが，スチレン系樹脂は染顔料との親和性もよく，鮮明な着色ができる．ただし，ABS 樹脂などブタジエン成分を含む樹脂は，有機顔料は変褪色しやすくなる．

　PVC（塩化ビニル）は塩素を含むため，燃えにくい反面，熱に弱く熱分解を起こしやすい性質がある．このため，必ず熱安定剤が使用され，軟質樹脂では可塑剤，滑剤，フィラーが添加され，着色剤に与える影響も複雑になる．塩ビの加工温度は 150 〜 220 ℃ と低いので，広範囲の顔料を使用できるが，熱劣化により塩化水素ガスを発生することがあり注意が必要である．群青は酸に弱いので，塩化水素ガスで発色機構が破壊され，褪色する．Mn，Fe，Co，Ni，Cu，Zn などの金属は塩化ビニルの熱分解を促進するので，これらを含む顔料の使用には注意が必要である．塩化ビニルの光安定性については，顔料はそれをよくするが，可塑剤，安定剤によって左右される．着色製品の褪色の度合いは顔料の添加量に大きく依存する．例えば，フタロシアニン顔料を 0.05 ％ 以上添加した場合はまったく問題を生じないが，これより少ないと不良となることがある．

まとめ　　プラスチックの着色は，成形加工時に 180 〜 290 ℃ で混練して行われるので，染料および顔料はこの温度に耐えねばならない．染顔料自体の耐熱性や耐候性は，無機顔料が最もよく，次に有機顔料，染料の順になる．粉粒状の加工顔料は，顔料の表面を分散剤で表面処理し，形状は粉状・粒状・ペースト状がある．

33話 カラープリンター用インクで染料と顔料では何が違うか？

　染料は水に溶けるから，色がつくものの耐水性が劣る．しかし，分子状態で紙の繊維質に浸透して発色するため，凸凹が少なく色素数は多いので濃度の高い鮮明な色となる．顔料は粒子のため色素数が少なく，色の濃度も低くなる．顔料は水や油に溶けず，粒子を表面にとどまらせる方法で着色する．顔料はあまり透明性がないが耐水性があり，紫外線などへの耐候性もある．

　染料と顔料は，両方ともインクジェットプリンター用のインクに用いられる．染料はインクを重ねた場合の滲みの問題，耐水性・耐候性などの問題もあるが，プリンターヘッドのノズルの詰まりに対して信頼性が高いこと，クリアな発色，安定性に優れ，扱いやすいなどの特徴から水溶性染料インクが主に使われている．

　顔料の色の濃さや明るさといった属性は，混ぜ合わせた別の物質によっても変わってくる．顔料に加える展色剤や充填剤もそれぞれに光の波長の反射・吸収のパターンを持ち，最終的な色のスペクトルに影響を与える．顔料を混ぜる量によっては，個々の光線が顔料粒子に当たらずに反射されることもあるので光線が色の濃さに影響する．純粋な顔料は白色光をそのまま反射することはほとんどなく，見た目の色は非常に濃いものとなる．しかし，大量の白い展色剤などと少量の顔料を混ぜると，色は薄くなる．

　現在市販されている多くのプリンターには染料インクが使用されているが，文字などをクッキリさせるために黒インクのみ顔料を使うという方法が採用されている例がある．水性顔料インクを使用し，染料インクと混合してもノズル詰まりなどに特に問題はない．なお，顔料ブラックと染料ブラックを併用するキヤノン製プリンターの場合，顔料はドキュメント印刷時に使用され，印刷設定で写真用紙を選択した場合は，染料ブラックが使用される．

　インクの主な成分は溶剤と着色剤（色素）である．油性は溶剤として主に揮発性有機溶剤を，水性は主に水を使用する．油性は水性に比べて乾きが早く，プラスチックや金属にもインクが乗りやすく，固着性が強い．水性は油性に比べて，滲みや紙の裏写りが少なく，筆記面を溶かしにくいので多くのものへ筆記ができる．固着性は油性よりも劣るが，インクに添加される固着剤や着色剤などの性能で異なる．

　インクジェットプリンターで印刷をする場合，カラー印刷を行うために3色のインクが必要になる．シアン（C）・マゼンタ（M）・イエロー（Y）の3色で，理論

上この3つでどんな色でも作り出せる．実際には，黒はうまく発色することができないので，黒を表現するために，黒のインクを追加したCMYKの4色が基本となっている．黒は一般的な文書の印刷にも利用するので，別に搭載する意味もある．細かな色を表現するのであればさらに多くの色が必要になってくる．特に写真に特化したプリンターであれば，かなり多くの色を搭載した機種になってくる．

　染料インクを使うと，色の再現性が高く光沢が出やすい．インクを重ねて印刷することが可能で，溶剤に粒子が溶けているため透明性も強くなり，高画質のプリントに最適である．デメリットとしては，溶剤に溶け込んでいるため，紙などの種類によって，溶剤が広がって滲む可能性がある．溶剤が乾燥してから染料の定着に移るため，乾燥はするが色が安定するまでに時間がかかってしまう．光にも弱く，劣化も早いということも問題である．

　プリンターに使われる顔料インクは，石油化学合成品であるが，染料よりもはるかに大きな粒子を持っている．表面に付着して発色するので，溶剤は紙の中に浸透して乾燥するため，印刷物の乾燥速度が早いのが特徴である．染料インクに比べると耐水性も高く，紙の中に浸透もしないので，滲むことはない．紫外線にも強いため，染料インクよりも耐光性の高い印刷物をつくることができる．粒子が大きいということは，マットな仕上がりを作ることには向いているが，その分透明感は失われる．顔料インクは黒の文字を印字するのに最適である．黒の顔料インクを使うことができれば，耐候性の高い印刷物にすることができる．併用型の場合には，写真印刷には顔料は向かないので，印刷設定を写真用紙に変更することで，黒を染料に切り替えるようになっている．

　最近，顔料インクは，どんどん改良が進んでおり，染料インクに負けない再現性を持ったものも出てきている．写真印刷にも使えるようになってきており，光沢感を出すことも無色インクを使うことでできるようになった．

　染料インクと顔料インクで印刷した写真を見比べてみると，染料インクのほうが色鮮やかで，顔料インクのほうは発色が穏やかという印象を受ける．

　　まとめ　　染料は水に溶けるので，色がついたものの耐水性が劣るが，分子状態で紙の繊維質に浸透して発色するため，凸凹が少なく色素数は多く鮮明な色となる．顔料は粒子を表面にとどまらせる方法で着色するので，色素数が少なく色の濃度も低くなる．顔料はあまり透明性がないが耐水性があり，紫外線などへの耐候性もある．

第7章 発光

私たちは発光する器具を用いて照明などに使っている．この章では，白熱電球，蛍光灯，水銀灯やナトリウム灯，LED照明における発光の原理，それぞれの特徴，使われ方について述べる．花火やレーザー光線の原理や使われ方についても述べる．

34話　白熱電球の光はなぜ赤みがかって見えるか？

　白熱電球は，発光管（ガラス球）内のフィラメント（抵抗体）を電流によるジュール熱で加熱し，その熱放射を利用した光源のことで，単に電球とも呼ばれる．フィラメントには，コイル状にした細いタングステン線が使用されるが，一般照明用電球では二重コイルにされる．ガラス球には，ソーダ石灰ガラスが用いられ，その形状は，なすび形や球形が多い．透明電球の輝度が高いとフィラメントからの光が目に入りまぶしくなるので，電球の内側につや消し処理がなされている．フィラメントのタングステン線は空気中では酸化されるので，ガラス球にはアルゴン，窒素，クリプトンなどの不活性ガスが封入される．一般照明用電球（100 V，20〜100 W）は，アルゴン（86〜98 %）と窒素（2〜14 %）の不活性気体が封入され，点灯時に約 1 気圧（100 kPa）になる．

　電球の発光は，高温フィラメントからの熱放射を利用し，可視光線を含む連続スペクトルである．一般照明用 100 W の電球のフィラメント温度は約 2 800 K である．一般に，物質はその温度に相当する光を放射する．人体の温度は約 36 ℃ ほどであるので 10 μm 付近をピークとする赤外線を放出している．物質の温度が高ければ放射する光の波長が短くなる．物質の温度と放射する光の波長との関係を理想的な黒体条件でプランクの式を用いて示したのが図 32 である．

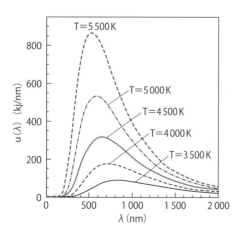

図 32　黒体放射のスペクトル
　　　［出典：フリー百科事典　ウィキペディア］

　図 32 において，5 500 K での放射は太陽光に近い放射のスペクトルを示し，その波長範囲は紫外線，可視光線，赤外線に及んでいる．3 500 K での放射は 500 W の白熱電球に相当する放射を示し，紫外線の強度は非常に小さく，可視光線から赤外線領域にわたって長く裾を引いている．私たちがよく用いる 40〜60 W の白熱電球ではフィラメント温度が 2 500 K 近くになるので，700〜800 nm に緩やかなピークを持つスペクトルとなる．それは赤

に近い波長成分が強調された光になるので，白熱電球の光は私たちの眼には赤っぽく見える．

　白熱電球の入力電力に対する可視光の変換効率は約 10 % で，赤外放射が約 70 % もあり，大部分が熱として放出されることになる．フィラメントの温度を高く設定すると放射光中の可視光成分が多くなり，発光効率が上昇するが，その分フィラメントの蒸発も大きくなり，電球の寿命が短くなる．現在，市販されている白熱電球の多くは 1 000 時間程度の寿命である．高温（2 200 ～ 2 700 ℃）となるタングステンフィラメントは徐々に蒸発し，細くなることで素材強度が小さくなり，最後に折損（球切れ）する．また昇華したタングステンがガラス球内に付着し，可視光放射効率低下の原因ともなる．真空電球ではこの昇華が大きくなる．通常はガラス球内が不活性ガスで満たされるので昇華が抑えられるが，ガス中への熱伝導による温度低下と熱損失が大きくなる．封入する希ガスの分子量が大きくなると，熱伝導による損失が少ないためアルゴン以外に高価なクリプトンあるいはキセノンを用いることもある．

　封入ガスにハロゲン（ヨウ素，臭素，塩素など）を微量混合し，ガラス球部が高温になるようにすることで，昇華したタングステンをフィラメントへと還元するようにしたハロゲンランプもある．ハロゲンランプの場合，通常の白熱電球の数倍の寿命となるが，その温度を高く設定して寿命は同じで効率が高い電球とすることもできる．逆に，フィラメントの温度を低く設定し，長寿命化した製品もある．例えばキセノンランプの中には，効率が低く光も赤色味が強くなる代わりに 10 000 時間前後の寿命を持つものがある．電球交換の頻度を減らす必要がある交換が困難な場所（高所など）で用いられている．

　現在，省エネなどの観点から白熱電球から電球形蛍光灯や LED 電球への移行が進んでいる．しかし，白熱電球には，高周波ノイズを発生しないことや，農産物のビニールハウス栽培や養鶏など，照明の役割と同時に白熱電球の発する熱を利用する用途などメリットも指摘されている．

まとめ　白熱電球は，ガラス球内のタングステンフィラメントをジュール加熱し，その熱放射を利用した光源である．白熱電球ではフィラメント温度が 2 500 K 近くなので，その放射スペクトルは 700 ～ 800 nm の波長の光の寄与が大きく，赤っぽく見える．白熱電球の発光効率が 10 % 程度なので，省エネの観点から蛍光灯や LED 照明に置き換わりつつある．

35話　蛍光灯はどのように光るか？

　蛍光灯は，放電で発生する紫外線を蛍光物質に当てて可視光線に変換する光源である．蛍光灯は，管内に蛍光物質を塗布されたガラス管と，両端に取り付けられた電極とでできている．電極はコイル状のフィラメントにエミッター（電子放射性物質）を塗布したもので，これが両端に2本ずつ出ている4本の端子につながっている．ガラス管内には，放電しやすくするために2〜4 hPaのアルゴンガスと少量の水銀の気体が封じ込められている．

　蛍光灯の構造を図33に示す．電極（陰極）に電流を流すと加熱され，高温になったエミッターから大量の熱電子が放出される．放出された電子は陽極（図33の右側）方向に移動し，アルゴンガスがイオン化して放電が始まる．放電により電子が水銀原子と衝突してから可視光線が発生するまでの過程を図34に示す．電子が水銀原子と衝突すると水銀の内殻電子が外に飛び出し，外側軌道にある電子が内殻電子の軌道に入るときに余ったエネルギーを紫外線として放出する．その紫外線の波長は水銀特有のもので，254と185 nmである．発生した紫外線はガラス管内に塗布されている蛍光物質にぶつかり，可視光線が発生する．ここで，蛍光物質は$Ca_5(PO_4)_3(F,Cl)$に不純物としてSbとMnを添加したものである．SbとMnの原子に衝突した紫外線はSbとMnの軌道電子を高いエネルギー状態に励起し，それらが元の軌道に戻るときに，それぞれ480と580 nmの波長の光を放出する．SbとMnの軌道電子の励起は格子振動の励起状態も含むので480と580 nm付近に広がった波長分布になり，それらを合わせた光は白色に見えるのである．

　蛍光灯は白熱灯と比べると，同じ明るさでも消費電力を低く抑えられる．エネルギーの変換比率は，可視光放射25 %，赤外光放射30 %，紫外光放射0.5 %で，

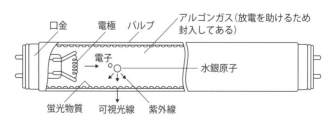

図33　蛍光灯の構造［提供：パナソニック(株)］

図34 蛍光灯から可視光線が発生するまでの過程

残りは熱損失となる．白熱灯と違い，点灯には安定器やインバータなどが必要なため，直接電圧を掛けただけでは使用できない．ただし電球形蛍光灯では安定器を内蔵しているため，直接ソケットに差すだけで点灯する．蛍光灯の点灯開始にはフィラメントの予熱が必要なため，始動専用回路が必要である．

点灯管方式はスイッチを入れると点灯管の内部で放電が起こり，放電熱によって点灯管内のバイメタルが作動し，点灯管内に電流が流れて蛍光ランプ両端のフィラメントを予熱する．そのとき，点灯管内の放電は止まっているので，バイメタルは冷えて元の位置に復帰し，点灯管を経由する閉回路が開放され，安定器のコイルの自己誘導作用により，高電圧が発生する．それに合わせて，温められていたフィラメントから電子が放出され，蛍光ランプが始動する．始動には3秒程度かかる．

ラピッドスタート方式は，点灯管を使用せず始動補助導体を持ったラピッドスタート形ランプと，予熱巻線付きの磁気漏れ変圧器形安定器の組み合わせで始動する．始動動作はランプ両端のフィラメントが，安定器の予熱巻線から供給される電流で加熱され，始動に必要な電圧がランプ両端にかかる．このとき始動補助導体とフィラメントとの間に微弱な放電が発生し，すぐに主放電に発展する．1～2秒ほどで点灯する．ビル・百貨店・駅などの多くはこの方式の蛍光灯を用いている．

インバータ方式はインバータ回路により始動する．交流の商用電源を整流回路で直流化した後，インバータ装置で数十 kHz の高周波の交流電力に変換し点灯する．即時に点灯でき，高周波点灯により発光効率も上がり，ワット数当たりの明るさは向上し，ちらつきも少ないのが特徴である．そのため，公共施設などではラピッドスタート方式からインバータ方式に替わりつつある．

> **まとめ** 蛍光灯の電極に電流を流すと熱電子が陽極に向かい放電が始まる．放電により流れる電子は，ガラス管の中の水銀原子と衝突し，内殻電子をはじき出して紫外線を放出させる．紫外線はガラス管内に塗布されている複数の蛍光物質にぶつかり，波長の違う可視領域の光が発生して，白色に近い光となる．

36話 水銀灯やナトリウム灯はどのように光るか？

　水銀灯は，ガラス管内の水銀蒸気中のアーク放電により発生する光を利用した照明である．アーク放電とは，電極間に電圧を加えると電極間にある気体分子が電離し，プラズマが発生して電流が流れる現象である．気体は励起状態になり熱と光を伴う．**図35**に水銀灯とナトリウム灯の発光と用途を示す．

　高圧水銀灯と低圧水銀灯とがあるが，通常水銀灯と呼ぶときは高圧水銀灯のことをいう．点灯中の水銀蒸気圧が 100 k〜1 000 kPa（1〜10気圧）で，一般照明に使われる蛍光灯内の水銀蒸気圧が 1 Pa 程度であるから，これより桁違いに大きい．

　水銀灯の放射光は波長が 404.7，435.8，546.1，577.0，579.1 nm の輝線スペクトルからなる赤色成分の欠けた緑がかった青白色の光源（色温度 5 700 K）で，253.7，364.9 nm の紫外放射を伴う．これは，演色性がかなり悪い（透明水銀灯 Ra:14）．ここで演色性とは自然光に近いものがよく，Ra 値で評価される．Ra 値は平均演色評価数と呼ばれ，値が大きいほど自然光に近くなる．透明水銀灯は紫外放射を伴うため，これを利用し，蛍光物質により赤色成分を補い演色性を改善したもの（蛍光水銀灯 Ra:40），さらに青緑色蛍光体を加えて光源色を改善したもの（演色改善型蛍光水銀灯 Ra:50）がある．

　水銀灯の発光効率は 50 ルーメン毎ワット（lm/W）と，白熱電球の 15〜20 lm/W より高いため，光量が必要な分野で使われる．蛍光灯はそれよりも高く，80〜90 lm/W である．消費エネルギーの変換比率は，可視光 15 %，赤外放射 60 %，紫外放射 10 % で，残りが熱損失となる．日本では，街灯，体育館などの照明器具に使用されることが多い．近年では水銀灯と同様の構造を持ち，演色性や効率のより高いメタルハライドランプ，高圧ナトリウムランプに置き換えられつつある．

　低圧水銀灯は点灯中の水銀蒸気圧が 1〜10 Pa 程度のもので，184.9，253.7 nm の紫外線を主とした光源である．紫外線源として，殺菌，オゾン発生，樹脂硬化，分光分析などに利用される．殺菌灯は，生物の DNA を損傷することで殺菌効果を発揮する．この波長域の光線は一般のガラスでは紫外線が吸収されてしまうため，殺菌灯の管には石英ガラスが使われる．DNA を損傷するので人体にも有害で，皮膚・目を傷害するので防護メガネの着用は必須である．蛍光灯は，この低圧水銀灯の発光管内面に蛍光物質を塗布したものである．

ナトリウム灯はアーク放電を利用したトンネルなどの照明用の橙黄色の光源である．基本構造は水銀灯と同様で，放電を行う発光管とこれを覆う外管からなっていて，外管内部は真空となっている．これは原理上，高温でナトリウム蒸気を加熱する必要から断熱性を高め熱損失を少なくするため，光の透過効率を上げている．電流が上昇すると管電圧が低下し，過電流で破損するので，リアクタンスとなる安定器を必要とする．

　初期のナトリウム灯は発光成分がナトリウム原子の輝線スペクトル（589.6 と 589.0 nm）のみで極端な単色光であったが，技術的な進展により現在では白熱電球に近い光も得られている．ナトリウム蒸気圧は 0.5 Pa と真空に近く，始動補助用に少量のネオンとアルゴンガスが封入されている．実用光源のなかでは最も発光効率が高く，120〜180 lm/W である．しかし，色の見分けができないなど演色性は皆無に近く一般の照明には不適で，非常用照明のほか，道路やトンネルの照明などに用いられている．この用途ではむしろ橙黄色の単色光であることで，かえって見えやすい．その理由として，ヒトの網膜は，緑－橙の範囲の光に対し敏感で，視細胞も色より明暗に敏感なので，照明の有効範囲が広くなること，微粒子による光の散乱は長波長（赤）ほど小さく，霧や煤塵などが多い空気中の透視性が高くなることなどが挙げられている．

　高圧ナトリウム灯は水銀ランプやメタルハライドランプと並び，高輝度放電ランプの一種である．高温高圧のナトリウム蒸気に耐えるため，発光管には石英に替え

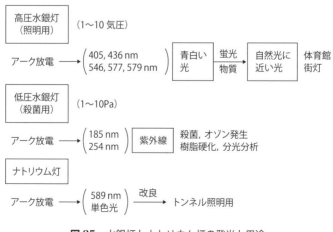

図 35　水銀灯とナトリウム灯の発光と用途

てアルミナセラミックが使用されている．ナトリウムの蒸気圧を上げることにより，輝線スペクトルがいったん吸収されるなどしてエネルギーが変化し，発光スペクトルの波長域が広がり，橙色がかった黄白色の光を放つようになる．演色性は低圧ナトリウムランプより良好で，効率重視型の場合，色温度 2 050 K，演色指数 Ra 15 〜 25 で，色の判別も可能であるが，発光効率は 100 〜 160 lm/W とやや低下する．それでも水銀ランプと比較して約 2 倍以上のランプ効率を持つため，高天井の工場，倉庫，スポーツ施設や道路の照明に広く使われている．また，ガス灯に近い温かな色の発光から，屋外の一般照明，特に古い町並みの観光地などで採用されている．演色改善型は，発光管内のナトリウム蒸気圧を高めて色温度 2 150 K，Ra：60 としたもので，効率重視型に比べて演色性がよくなっている．また，蛍光水銀ランプ（ランプ効率 55 lm/W，Ra：40）に比較して演色性，ランプ効率が高いので，省電力と演色性が同時に要求される場所に好適である．さらに蒸気圧を高く（約 5 倍）し，演色性を大幅に改善したもので，演色指数は Ra：85 になり，白熱電球に似た温かい色の光を放つので店舗の照明などに利用される．ナトリウムの D 線は大部分が吸収されるため，波長分布ではむしろ 590 nm 付近の光が最も弱くなっている．発光効率はさらに低下するが，それでも白熱電灯の 3 〜 4 倍はあるとされ，省エネルギー用途で使用されている．

> **まとめ** 水銀灯やナトリウム灯は，ガラス管内の気体のアーク放電により発生する光を利用した照明である．水銀灯では放電中に水銀の気体が励起され紫外と可視部に光を発する．低圧水銀灯は紫外線を使った殺菌灯として使われる．ナトリウム灯は橙黄色の光源でトンネルなどの照明に使われる．

37話 花火の色はどのようにして作るか？

　花火は火薬と金属の粉末を混ぜ火を付け大空に打ち上げたときの，音や火花の色と形状の推移を楽しむ．火花に色をつけるために金属の炎色反応を利用しており，混ぜ合わせる金属化合物の種類によってさまざまな色合いの火花を出すことができる．

　まず花火はどのように打ち上げるのだろうか？　図36に花火の打ち上げ筒と玉の構造を示す．打ち上げ筒は図36の (b) のように，鉄製の筒を固定して立て，底に打ち上げ用の発射火薬（揚げ薬）を入れる．発射火薬は黒色火薬で可燃剤の木炭，硫黄と酸化剤の硝酸カリウムからなる．発射火薬が点火するとその上の玉に火が移る．玉の構造は (a) に示してある．導火線を通して割薬に点火すると，爆発的に燃焼が起こり，燃焼ガスが発生して筒内の温度と圧力が上昇する．その圧力上昇によって花火が打ち上げられる．この割薬がすべての星にも均等に着火させ，さらにその爆発力で玉皮を粉砕すると同時に星を四方に飛ばす．

　この星が打ち上げ花火の主役で，いろいろな色や形状は星の火薬の種類と星の配置によって決まる．星の火薬としては，酸化剤として過塩素酸カリウム，塩素酸カリウム，過塩素酸アンモニウムなどが使われる．酸化剤を使う理由は空気中の酸素で燃焼させるのでは反応の速度が遅すぎるためである．火薬内部に酸素源が含まれているとすぐに反応して高温になる．過塩素酸カリウムを用いた場合は2 200 ℃まで温度が上がる．可燃剤は炭，セラックやアルミニウム，マグネシウムの粉末などが用いられる．

　花火の色は火薬の中にある成分が高温の炎にさらされると可視光の光を発生する炎色反応を利用している．高温の炎中にある種の金属化合物を置くと，熱エネルギーによって解離し原子化され，原子は熱エネルギーによって電子が励起し，外側の電子軌道に移動する．励起した電子はエネルギーを光として放出することで

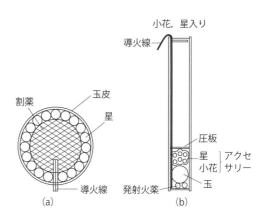

図36　花火の (a) 玉と (b) 打ち上げ筒の構造
[出典：細谷政夫著，花火の科学，東海大学出版会，1980，p.77]

表5 炎色反応を呈する元素の色, 波長, 化合物の例

元素	色	波長 (nm)	化合物
ナトリウム	黄色	588	$Na_2C_2O_4$
カルシウム	橙赤色	622	$CaCO_3$, $CaSO_4$
ストロンチウム	深赤色	605	SrC_2O_4, $Sr(NO_3)_2$, $SrCO_3$
バリウム	黄緑色	553	BaC_2O_4, $Ba(NO_3)_2$, $BaCO_3$
銅	青緑色	510	Cu 粉, $CuSO_4$, $CuCO_3 \cdot Cu(OH)_2$

元の軌道(基底状態)に戻り,このとき元素に特徴的な輝線スペクトルを示す.元素が微粉末や塩化物など原子化されやすい状態で発光波長が可視領域のときに,炎色反応が観察される.料理中にガスコンロで味噌汁を吹きこぼしたときの黄色の炎はナトリウムの炎色反応の色である.炎色反応を呈する元素について,色,波長,花火として使われる化合物の例を表5に示す.

これらの色を混ぜ合わせてピンク,紫,水色,レモン色なども作り出される.また,アルミニウムの粉末は炎色反応による色ではなく光の反射による銀白色である.チタン合金の粉末を用いると金色に近い色が出る.星が途中で色を変えるのは日本の花火特有の技術といえる.図36の(a)の玉の構造において星を二重に同心円状に配置して外側が赤を内側が青主体の火薬を詰めたとする.花火が開いたときに星は外側から燃えて飛び散る.火薬の層の変わり目まで燃えると次の色の層に移り,ここで色が変わるわけである.星の中心にある色ほど広がった花火の外側の色になる.

また,星の配置の仕方によって花火の形状を変えることもできる.図36の(a)の玉の構造では星が円形に配置されているが,これを例えばハート型にして導火線の先端をハート型のくびれの位置にすれば,導火線からの距離によって着火のタイミングが違うので,花火の形状もハート型になる.また,図36の(b)の筒の構造では玉が1個しか入っていないが,これをいくつも重ねて入れると連続花火になる.連続して色と形状の違う花火を打ち上げることもできる.

まとめ 火花に色をつけるために金属の炎色反応を利用し,混ぜ合わせる金属化合物の種類によってさまざまな色合いを出すことができる.金属化合物としてはアルカリ金属,アルカリ土類金属,銅の化合物などが用いられる.火薬として酸化剤,可燃剤,発色剤を混合した星に点火されると急速に反応が進行し,放射状に色のついた光が広がる.

38話　発光ダイオードはどのように光るか？

　発光ダイオード（light emitting diode，LED）は，順方向に電圧を加えた際に発光する半導体素子である．発光ダイオードは，半導体を用いた pn 接合と呼ばれる構造で作られている．ダイオードとは，電子が少し余っている n 型半導体と電子が少し足りない p 型半導体とをくっつけたもの（pn 接合）である．pn 接合した電極に電圧をかけると，半導体に注入された電子と正孔はそれぞれ伝導帯と価電子帯を流れ，pn 接合部付近で禁制帯を越えて再結合する．再結合時に，バンドギャップ（禁制帯幅）にほぼ相当するエネルギーが光として放出される．

　放出される光の波長は材料のバンドギャップによって決められ，これにより赤外線から可視光線，紫外線領域までさまざまな発光を得られるが，基本的に単一色である．印加する電圧はバンドギャップにほぼ相当する電子のエネルギーで，赤外 LED では 1.4 V 程度，橙色・黄色・緑色では 2.1 V 程度，青色では 3.5 V 程度，紫外線 LED では 4.5〜6 V である．

　半導体のバンドギャップは材料によって決まっているため，素材を選択することにより，さまざまな色の発光ダイオードを作り出すことができる．赤外線・赤はアルミニウムガリウムヒ素（AlGaAs），橙・黄はガリウムヒ素リン（GaAsP），緑・青・紫・紫外線は窒化ガリウム（GaN），インジウム窒化ガリウム（InGaN），アルミニウム窒化ガリウム，リン化ガリウム（GaP），緑・青緑・青はセレン化亜鉛（ZnSe），紫外線はダイヤモンド（C）などである．発光効率を考えると，これらの物質を用意するだけではだめで単結晶を作る必要がある．歴史的には最初に赤の LED が開発され，次いで緑もできたが，青については多くの研究者が開発を試みたが，実現が困難であった．赤崎勇氏，天野浩氏らは単結晶の GaN を作成し，pn 接合の GaN LED 作成に成功し，青色 LED 技術を開発した．それらの技術を使って製品化したのが中村修二氏で，3 人は 2014 年にノーベル物理学賞を受けた．

　青色 LED の開発の成功によって，青，赤，緑の光の 3 原色が揃ってあらゆる色を表現できるようになり，また青色または紫外線を発する発光ダイオードの表面に蛍光塗料を塗布することで，白色の発光ダイオードも製造できるようになった．

　蛍光塗料を塗布する方式では，青または紫外線を発する発光ダイオードのチップに，その発光ダイオードの光により励起されて長波長の光を放つ蛍光体を組み合わせる．発光ダイオードのチップは蛍光体で覆われており，点灯させると，発光ダイ

オードチップからの光の一部または全部が蛍光体に吸収され，蛍光はそれよりも長波長の光を放つ．発光ダイオードのチップが青発光であれば，チップからの青色の光に蛍光体の光が混合されて，白色光を得ることができる．この蛍光体には，例えば YAG（$Y_3Al_5O_{12}$）系のものが用いられる．

擬似白色発光ダイオードは現在の白色発光ダイオードの主流で，一般に青黄色系である．視感度の高い色である黄色の蛍光体と青色発光ダイオードとを組み合わせることによって，視覚的に明るい白色発光ダイオードを実現している．擬似白色発光ダイオードは非常に高いランプ効率（lm/W）値が得られている．人間の網膜で光の強度や色を識別する錐体は黄緑色の波長（約 555 nm 付近）で視感度が高いため，蛍光体の黄色と発光ダイオードの青色とを組み合わせることによって視覚上大変に明るい白色発光ダイオードが実現できている．

高演色白色発光ダイオーは，擬似白色発光ダイオードが緑や赤の成分が少ないため演色性が低い欠点を改良したものである．ただ，赤の発色が悪いという性質を改善するために黄色以外の蛍光体を混ぜて演色性を改善しようとすると，ランプ効率（lm/W）が低くなる．赤色領域の人間の目の視感度が低いからである．近年，β サイアロン蛍光体を用いることでランプ効率の向上が得られるとともに赤色の発色の問題も解決されつつある．

3 色 LED 方式による白色発光として，光の 3 原色である赤色・緑色・青色の発光ダイオードのチップを用いて 1 つの発光源として白色を得る方法もある．この方式は各 LED の光量を調節することで任意の色彩を得られるため，大型映像表示装置やカラー電光掲示板の発光素子として使用されている．ただし，照明として用いることを考えた場合，3 色 LED 方式は赤・緑・青の鋭い三つのピークがあるのみで黄およびシアンのスペクトルが大きく欠落している．3 色 LED 方式の白色発光は光自体は白く見えても自然光の白色光とはほど遠いという欠点がある．

（まとめ） 発光ダイオードは順方向に電圧を加えた際に半導体のバンドギャップに相当する光を放つ半導体素子である．放出される光の波長はバンドギャップによって決まり，赤（AlGaAs），緑（ZnSe），青（GaN）などが用いられる．青色 LED の開発の成功によって，青色 LED の表面に蛍光塗料を塗布することで，白色の LED も得られるようになった．

39話　発光ダイオードはどのように利用されるか？

　発光ダイオードは，白熱電球，蛍光灯などの光源に比べて，長寿命，動作が安定，速い応答速度，調整が要らないなどの特長がある．LEDの発光波長範囲や発光出力の幅が広がり，実装パッケージの選択肢も広がった．価格も寿命や交換の手間を考えて評価すると，従来の光源にまさる場合が増えてきた．今後の技術革新の進歩によりさらなる進展も期待される．

　LEDの消費電力は白熱電球の数分の1で蛍光灯とほぼ同程度である．LEDは低電圧の直流で動作するので，装置を小型軽量化でき，応答速度が速く，点滅動作，調光が自由にでき，高速応答の用途に利用できる．また，低温や振動，衝撃に強く，有害な物質を含まないので環境性にも優れている．

　低消費電力，長寿命，小型であるため数多くの電子機器に利用されている．特に，携帯電話のボタン照明などはその特性をフルに活かしている．また，1つの素子で複数の色を出せるような構造のものもある．機器の動作モードによって色を変えることができるなど，機器の小型化に貢献している．

　表示用では，高輝度の青色や緑色，白色の発光ダイオードが供給されてからは，競技場などの大型ディスプレイ，懐中電灯や信号機，自動車のウィンカーやブレーキランプ，各種の照明にも利用されている．ブレーキランプに使用した場合，後続車両へのブレーキ作動の警告として使われるため使用頻度が高くなる．それで，急激な電力供給と発熱のため寿命が短くランプ切れは事故につながりやすいため，長寿命のLEDが適している．また白熱型照明は発光に時間がかかり，ブレーキ作動から点灯までの時間差を生むが，LEDは時間差がきわめて少ないメリットがある．従来の交通信号機では，半年から1年の周期で電球の交換が必要であったが，LED化で寿命が10年程度に伸び，消費電力が1/7程度と小さいのでLED化が急速に進んでいる．東京スカイツリーでは，夜のライトアップ照明をすべてLEDで行っている．

　ディスプレイのバックライト用では，冷陰極管が発する白色光をカラーフィルターで透過して得られる色に比べ，RGB3色LEDが放つ光は色純度が高い．そのため，光源を冷陰極管からLEDに置き換えることによって色の再現範囲を広げることができる．ただし最近ではコストが安くて効率の高い擬似白色LEDが用いられることが多く，この場合は色の再現範囲は冷陰極管と変わらず，広色域タイプの

冷陰極管と比べると劣る．LEDテレビとは一般的に，LEDバックライトを搭載した液晶テレビのことである．2008年ごろから各メーカーが上位機種を中心に採用するようになり，下位機種にも普及している．エリア駆動対応機種では，映像が暗い部分のみLEDバックライトを消灯するエリア駆動により，液晶ディスプレイの弱点であるコントラストを大幅に拡大できるメリットがある．また超薄型と呼ばれる厚さを抑えた液晶テレビや，ノートパソコンの薄型化でもLEDバックライトが重要な要素となっている．

　現代の高速通信とコンピュータを支えているのはLEDである．サーバ内通信から家庭への通信までLEDを使った光ケーブルが使われている．また国内拠点間や海外とつなぐ基幹回線もほとんど光ファイバー（LED使用）によるケーブルが使われている．周波数の高い青色発光ダイオードを使うことにより，簡単に通信容量を約2倍にすることができる．駆動電流の変化に対し，光出力が高速応答するという特性を生かし，家電製品などの赤外線リモコンや光ファイバー通信の信号送信機，またフォトカプラ内部の光源に赤外発光LEDが広く使われている．

　照明用としてLED照明は，省エネ，高輝度で長寿命化に伴い，発熱の大きい電球に代わり新しい屋内・屋外照明として用いられている．デザインや光色なども調節できるため自由度の高い照明が可能になる．既存の照明に置き換わる性能をもったLED製品が発売されており，懐中電灯，乗用車用ランプ，電球型照明，スポットライト，常夜灯，サイド照明，街路灯，道路照明灯などに次々登場している．白熱電球のソケットに装着可能なLED電球は企業間競争などにより大幅に価格が下落している．製品寿命や消費電力を考慮すればLED電球のほうが，白熱電球や電球形蛍光灯より低コストであるといわれているが，発売されてからまだ日が浅い商

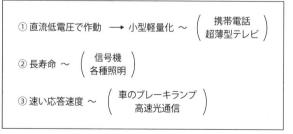

図37　LED照明の特長とその利用例

品なので，公称寿命として，各メーカーが謳う 40 000 時間に達した例がほとんどなく，まだ未知数である．

　自転車への LED の普及率は，自動車のそれに比べて非常に高い．発電機を動かすためペダルをこぐ力が乗り心地に直結するため，消費電力の少ない LED の使用により軽快な乗り心地になる．また使用電力が低いため，非接触型の発電機を使用することにより，照明による負荷が非常に少なくなる．また電池式においても消費電力の少ない分電池が長持ちする利点がある．

　高輝度の LED 照明は，多くの長所があるので従来の照明から置き換えられているが，健康に有害な面があるため，2016 年にアメリカ医師会がガイダンスを作成している．青色が豊富な強烈な光は，運転手の視力に影響を与え，安全性を低下させ，夜間にメラトニンの分泌を抑制し，睡眠時間の減少，睡眠の質の低下に関連することが判明している．このため，まぶしさの低減とブルーライトの制御が必要である．

まとめ　　発光ダイオードは，白熱電球，蛍光灯などの光源に比べて，長寿命，低電圧での動作，速い応答速度などの特長がある．大型ディスプレイ，懐中電灯や信号機，自動車および自転車のランプ，光ファイバーケーブルによる高速通信，家電製品などの赤外線リモコン，ディスプレイのバックライト，各種の照明にも利用されている．

40話　レーザー光線はどんな光か？

レーザーとは，光を増幅して放射するレーザー装置のことである．レーザー光は指向性や収束性に優れており，発生する電磁波の波長を一定に保つことができる．レーザー光は可視光だけでなく，紫外線やX線などのより短い波長，赤外線のような長い波長のレーザー光もある．ミリ波より波長の長い電磁波はメーザーと呼ぶ．レーザー光は光を増幅し，コヒーレントな（単一波長で位相の揃った）光を発生させる人工的な光である．

レーザー発振器は，キャビティ（光共振器）と，その中に設置された媒質，および媒質をポンピング（媒質中の電子をより高いエネルギー準位に持ち上げること）の装置からできている．キャビティは典型的には，図38 に示すように2枚の鏡が向かい合った構造である．波長がキャビティ長さの整数分の一となるような光は，キャビティ内をくり返し往復し，定常波を形成する．光が入射した媒質の中では，光の吸収と同時に高いエネルギー準位から光の放出も起きる．このとき，放出される光が入射した光よりも多ければ光が増幅される．放出される光が多くなるためには，媒質中に十分のエネルギーがたまっていることが必要で，エネルギー準位の高い状態を作る（ポンピング）必要がある．ポンピングにより，吸収よりも誘導放出のほうが多い反転分布状態を形成し，キャビティ内の光は媒質を通過するたびに誘導放出により増幅される．キャビティを形成する鏡のうち一枚を半透鏡にしておけば，一部の光を外部に取り出せ，レーザー光が得られる．外部に取り出したり，キャビティ内での吸収・散乱などでキャビティ内から失われる光量と，誘導放出により増加する光量とが釣り合っていれば，レーザー光はキャビティから継続的に発振される．

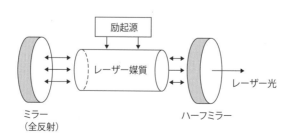

図38　レーザー発振器の仕組み

媒質のポンピングは，光励起，放電，化学反応，電子衝突など，さまざまな方法で行われる．光励起を用いるものの中にはほかのレーザー光源を用いる方法もある．また半導体レーザーでは，ポンピングは電流の注入により行われる．

　レーザー光を特徴づける重要な性質は，その高いコヒーレンスである．コヒーレンスとは単一波長で位相の揃った性質のことである．レーザー光のコヒーレンスは，空間的コヒーレンスと時間的コヒーレンスとがある．レーザー光はその高い空間的コヒーレンスのため，ほぼ完全な平面波や球面波を作ることができる．このためレーザー光は長距離を拡散せずに伝播したり，非常に小さなスポットに収束したりすることができる．時間的コヒーレンスは，光電場の周期性がどれだけ長く保たれるかの尺度である．時間的コヒーレンスの高いレーザー光は，マイケルソン干渉計などで大きな光路差を与えて干渉させた場合でも，鮮明な干渉縞を得ることができる．レーザーは，ナトリウムランプなどよりもはるかによい単色性を示す．単色性がよいということは，非常に狭い波長範囲の中にエネルギーが集中しているので，波長当たりの出力が極めて高いことになり，レーザーの輝度が非常に高いことを意味する．レーザーのさらに重要な特徴は，ナノ秒〜フェムト秒程度の，時間幅の短いパルス光を得ることが可能な点である．パルスレーザーは短い時間幅の中にエネルギーを集中できるため，高いピーク出力を得ることができる．パルスレーザーは，時間分解分光，非線形光学やレーザー核融合などの分野で重要な道具である．

　媒質が固体であるものを固体レーザーという．通常，結晶を構成する原子の一部がほかの元素に置き換わった構造を持つ人工結晶が用いられ，代表的なものにクロムを添加したルビー結晶によるルビーレーザーや，YAG結晶中のイットリウムをほかの希土類元素で置換した種々のYAGレーザーがある．ネオジム添加YAGを用いたNd：YAGレーザーは波長が1 064 nmの赤外線を発する．非線形光学結晶を用いて高調波を発生させることで，波長532 nmの緑色の光や355 nmの紫外線なども出すことができる．また，サファイアにチタンを添加した結晶を媒質に使用したチタンサファイアレーザーがあり，超短パルス発振が可能である．固体レーザーの励起光源としてレーザーダイオードを用いたものをDPSSL（ダイオード励起固体レーザー）という．

　液体レーザーは媒体が液体のレーザーで，色素分子を有機溶媒に溶かした色素レーザーがよく利用されている．色素レーザーの利点は使用する色素や共振器の調節によって発振波長を自由に，かつ連続的に選択できることである．ガスレーザー媒体が気体のものはガスレーザーと呼ばれ，ヘリウムネオンレーザー（He-Ne，赤

色),アルゴンイオンレーザー(Ar-ion,主に青色または緑色),炭酸ガスレーザー(赤外),窒素レーザー(紫外),エキシマレーザー(主に紫外),金属蒸気レーザー(ヘリウムカドミニウムレーザーなど)などがある.炭酸ガスレーザーの特長は出力が $1 \sim 30$ kW と大きいことである.

媒体が半導体であるものは固体レーザーとは区別され,半導体レーザーあるいはレーザーダイオード(LD)と呼ばれる.半導体レーザーの特長は小型で使いやすいことで,レーザープリンターやパソコン内でのCD・DVD・BDの読み取りなど低出力のレーザーに主に使用されている.

レーザー光の指向性,収束性,単一波長,揃った位相などの特長を生かして,レーザーポインター,レーザー計測,加工用途,光通信,干渉計,医療用レーザーメスなど幅広い分野で利用されている.

まとめ レーザー光は指向性や収束性に優れた波長が一定の光で,レーザー発振器を用いて人工的に作られる.レーザー光の指向性,収束性,単一波長,揃った位相などの特長を生かして,光ファイバー通信,レーザー加工,レーザー計測,レーザー記録,レーザー医療,レーザー核融合など幅広い分野で利用されている.

41話　犯罪捜査に使われるルミノール反応とは？

　ルミノールは，窒素含有複素環式化合物の一種で，科学捜査や，化学の演示実験に欠かせない試薬である．塩基性の水溶液中，ルミノールは過酸化水素 (H_2O_2) と反応して 460 nm に強い青色の発光を示し，ルミノール反応と呼ばれる．この反応は銅，コバルト，鉄などの遷移金属およびその錯体，ある種の酵素の触媒作用によって起こる．これを利用して過酸化水素および触媒となる金属種の微量定量・定性試験が行なわれる．

　ルミノール反応は犯罪捜査で血痕の検査に使われている．血痕の色は新鮮なときは赤色をしているが，時間の経過とともに褐色，黄色と変化する．それで，犯行現場で血痕らしきものが見つかったとしても，目視ではそれが血痕であるかどうかの判断はつかない．その判断に使われるのがルミノール反応である．血痕と思われる斑点にルミノールの塩基性溶液と過酸化水素水との混液を塗布，または噴霧して暗所で見ると，斑点が血痕であれば青白く光る．この反応は血液が数万倍以上希釈されていても起こるから，非常に感度の高い分析法である．ルミノールと過酸化水素水の混合液そのままでは反応しないが，血液中のヘモグロビンに含まれるヘムという鉄原子をもつ物質が反応を促進させる触媒の役割をして反応が起こる．

　反応の過程としては，まず塩基の作用でルミノールの -NH-NH- の部分が -N$^-$-N$^-$- に変わる．触媒によって過酸化水素が分解して活性酸素がルミノールと反応すると，図39 のようにルミノールの -N$^-$-N$^-$- の部分が酸化・分裂して O$^-$ に変わる．反応で生じた 1 重項の 3-アミノフタール酸イオンはエネルギーが高い励起状態にある．励起状態になった物質はすぐに基底状態の 3-アミノフタール酸イオンに戻る．そのときに，励起状態と基底状態の差のエネルギーを波長 460 nm の青色光として放出する．

　ルミノール反応は血液中の鉄を含むヘムが触媒となって起こるが，触媒となる物質はヘムだけではない．鉄のほかに銅，コバルトなどの金属元素や酵素など，過酸化水素を分解する触媒であればよい．例えば，大根にはパーオキシターゼという酵素が含まれていて，過酸化水素を分解させ酸化反応を促進する触媒となる．パーオキシターゼは大根だけでなく，セイヨウワサビやキュウリをはじめとする植物に含まれており，食品添加物としても使用されている．ルミノールと過酸化水素水の混合溶液をパーオキシターゼを含む物質に触れさせると，ルミノール反応が起こり，

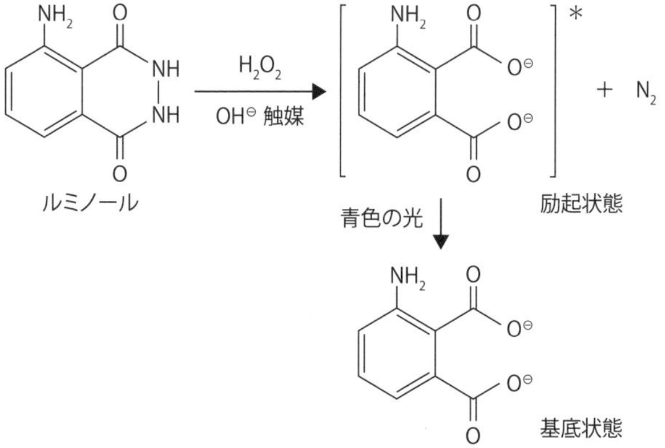

図 39 ルミノール反応の機構（出典：長谷川裕也「生活と化学」ホームページを参考に作成）

青い光を発する．科学捜査ではルミノール反応はあくまでも予備試験である．ルミノール反応で発光したとしても，ただちにそれが血痕と断定することはできない．本当に人間の血液であるかの鑑定や血液型などの検査が行われる．

　ルミノール反応のように化学反応で光が出る現象を化学発光（化学ルミネッセンス）と言う．ルミノール反応の発光の量子効率は 1 ％ 程度である．ほかの化学発光の例として，サイリュームが知られている．サイリュームでは，サリチル酸ナトリウムのような触媒の存在下，シュウ酸ジフェニルと過酸化水素とが反応することによって蛍光染料が励起され発光する．これは最も効率的な化学発光として知られていて，量子効率は 15 ％ になる．励起された蛍光染料が基底状態になるとき光が放出され，その色は染料に依存する．蛍光染料として 9,10-ジフェニルアントラセンを使った場合は青，9,10-ビス(フェニルエチニル)アントラセンでは緑，テトラセンでは黄緑，ルブレンやローダミン 6G では橙，ローダミン B では赤になる．

まとめ　ルミノールは塩基性の水溶液中で過酸化水素と反応して 460 nm に強い青色の発光を示す．ルミノール反応は鉄などの遷移金属や酵素の触媒作用によって起こる．血痕の検査では，斑点にルミノールの塩基性溶液と過酸化水素水との混液を塗布して暗所で見ると，斑点が血痕であれば青白く光る．血痕中の鉄を含むヘムが触媒となるからである．

第 **8** 章

光を利用した技術

最近光を利用した技術が大きな進展をみせている．光触媒は壁や窓ガラスの汚れの除去，防臭や空気浄化，曇らない鏡，医療にも応用されている．また，光ファイバーによる通信，ファイバースコープの各分野への応用も著しい．この章では，これらについて原理と仕組みを述べる．

42話　光触媒の原理と仕組みは？

触媒は「それ自身は変化することなく化学反応を促進する物質」で，光触媒は光が当たると触媒になる物質である．葉緑素（クロロフィル）は，光合成作用で重要な働きをしている光触媒で，この光触媒がなくては，地上の生物は存在しないほど重要である．

最近，注目を集めている光触媒は，葉緑素のような有機色素ではなく，二酸化チタン（TiO_2）である．酸化チタンは，昔から白色ペンキや化粧品，あるいは食品添加剤（白色顔料）として使われてきた．酸化チタン光触媒の一般的機能としては，汚れの分解，消臭・脱臭，抗菌・殺菌，有害物質の除去，ガラス・鏡の曇り防止，防汚，などがある．

酸化チタンは白色の粉末であるが，光触媒は粉末だと使いにくいので，コーティング液，フィルムあるいはいろいろなものにコーティングされた形で市販されている．ガラスにコーティングされた酸化チタンは，ほとんど透明でわずかに青みがかった色をしている．

酸化チタンの結晶は，そのままでは電気を通さないから，絶縁体である．ところが，波長が 388 nm 以下の紫外線を当てると，電気をわずかに通すようになる．これを光伝導という．酸化チタンのバンド構造を**図 40** に示す．

絶縁体の電子はすべて価電子帯と呼ばれるエネルギー帯にある．価電子帯の電子は完全に詰まっており，動くことができない．価電子帯よりエネルギーの大きいところに，空帯がある．価電子帯の上端と空帯の下端のエネルギーの差をバンドギャップエネルギーという．価電子帯の電子が，バンドギャップより大きなエネルギーを持つ光を吸収すると電子が空帯に上がることができ，価電子帯には電子の抜け孔の正孔（ホール）を生じ，式（11）のように表される．光触媒として使われている酸化チタン（アナタース型）は，バンドギャップエネルギーが 3.2 eV なので，波長が 388 nm 以下の光を吸収することができる．空帯に上がった電子は動くことができるので伝導性が生じる．これを光伝導という．これらの電子と正孔が光触媒反応を起こす原因になる．光触媒反応が起こるためには，電

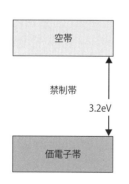

図 40　酸化チタンのバンド構造

子と正孔の寿命が長い必要がある．酸化チタンは，この寿命が長いので光触媒として使うことができる．

$$TiO_2 + 光 \rightarrow e^-（電子）+ h^+（正孔） \tag{11}$$

酸化チタン光触媒の特長は，光による強い酸化力と超親水性である．酸化力が強いとは，酸化されにくい物質をより速く酸化できる，あるいはより低温で酸化できることをいう．酸化反応は，空気中の酸素が光触媒によって活性化され，反応性の高い活性酸素になることによって起こり，酸化力の強さは活性酸素の種類によって決まる．

炭素と水素からできている有機物を完全に酸化すると，二酸化炭素（CO_2）と水になる．有機物を酸素不足の状態で酸化すると不完全燃焼が起こって，有害な一酸化炭素（CO）ができる．これは有機物よりも一酸化炭素のほうが酸化されにくいためである．有機物の完全酸化ができるためには一酸化炭素を酸化できなければならない．

活性酸素は病気あるいは老化の原因だといわれているが，それは体内にできたときの話である．私たちが都市ガスに火をつけるとき，電気火花を飛ばす．ガスに火がつくと，炎の中では次々と活性酸素ができて燃焼反応が持続する．マッチの火でもタバコの火でも，火の中では必ず活性酸素ができている．燃焼反応では活性酸素は高温でしかできないが，酸化チタンは光によって活性酸素を室温で作ることができる．低温でも酸化できる（活性酸素をつくる）能力があるので，酸化力が強いといわれる．

酸化チタンに酸素中で光を当てると，その表面に活性酸素ができる．これまでの測定により，酸化チタンの活性酸素として，O，O^-，O_2^-，O_3^-のような化学種が見つかっている．これらの活性酸素のマイナス電荷は，酸素の電気陰性度が強いために，酸化チタンから電子が移行したものである．私たちのまわりにある汚れや臭いの成分は，ほとんど有機物である．したがって，完全に酸化してしまえば二酸化炭素と水になる．酸化チタン光触媒は，たいていの有機物を完全酸化できる．

> **まとめ** 光触媒は光が当たると化学反応を促進して触媒となる物質である．酸化チタンの光触媒が光（紫外線）を吸収すると，電子が空帯に上がり価電子帯には正孔を生じる．生成した電子と正孔が空気中の酸素と反応して種々の活性酸素を作り強い酸化力を持つ．その活性酸素は有機物を完全に分解するので，光触媒はいろいろな用途に利用される．

43話 光触媒はなぜ壁や窓ガラスなどの汚れを除去できるか？

光触媒は紫外線が当たることで有機物分解と超親水性の2種類の機能が生まれる．光触媒を壁や窓ガラスなどに塗布することで汚れの原因となる有機物を分解し，光触媒の超親水性機能で雨水とともに汚れを一掃して表面をきれいに保つことができる．海岸沿いや汚れやすい地域の住宅や窓拭きができない高所の天窓などでは効果的である．光触媒の汚れの分解・除去の原理を**図41**に示す．

光触媒に紫外線が当たると酸化チタンの中に電子と正孔が生成される．生成した電子と正孔が近くにある酸素と反応して強い酸化力のある活性酸素を発生させる．活性酸素が汚れの成分である有機物を分解して二酸化炭素と水を生成して無害化する．

一般に，活性酸素には原子状酸素（O）と一重項の分子状酸素があり，さらに生化学の分野ではスーパーオキシドアニオン（$\cdot O_2^-$），ヒドロキシラジカル（$\cdot OH$），ペルヒドロキシラジカル（$\cdot O_2H$）も活性酸素として扱われている．光触媒による光酸化作用における活性酸素の作用について，ヒドロキシラジカル（$\cdot OH$）説と原子状酸素（O, O^-）説とがある．ヒドロキシラジカル説は，空気中の酸素が電子と反応してO_2^-を生成し，表面にある水が正孔と反応してヒドロキシラジカルを生成して，これらが酸化作用を持つとする．

原子状酸素説では，(1)酸素は光触媒表面にO_2^-として吸着し，(2)O_2^-は光によって酸化チタンにできた正孔と反応して原子状酸素Oに解離し，(3)原子状酸素Oは電子と反応してO^-となり，(4)原子状酸素はO_2^-とも反応してO_3^-となるというものである．ここで重要な点は，電子と正孔が相前後して酸素分子に作用して原子状酸素に解離することである．

どのような種類の活性酸素ができているかは，ラジカルを測定できる電子スピン共鳴（ESR）という装置を使って知ることができ，O, O^-, O_2^-, O_3^-の存在が確認されている．原子状酸素ができることはほかの方法でも実証されている．また，活性酸素の反応性の強さは$O >$

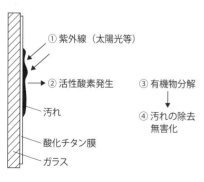

図41 光触媒の汚れの分解・除去の原理

$O^- > O_3^- \gg O_2^-$ である．この中で，典型的な酸化されにくい物質であるCOやCH$_4$を酸化できるのは室温では原子状酸素であるOとO$^-$のみである．これらの事実から原子状酸素（O，O$^-$）説のほうが有力であるといえそうである．反応の過程でヒドロキシラジカルが生成していると思われるが，ヒドロキシラジカルは生体内では強力な酸化力を持ってはいても，有機物を室温で二酸化炭素まで酸化する力はないようである．

　酸化チタン光触媒は太陽光に含まれる紫外線を吸収して，強い酸化力と超親水性という機能によって外壁や窓ガラスなどの汚れをきれいにする．外壁や窓ガラスは微量の油など有機物がついているが，強い酸化力で分解して表面を浄化する．さらに，超親水性によって光触媒の表面が水となじみがよくなり，水がかかると水の膜が汚れの下に入り込んで汚れを洗い流す．超親水性は紫外線の吸収によって発生するが，一度生成した超親水性状態は紫外線がなくてもある程度持続する．したがって，紫外線の強い晴れた日に光触媒が汚れを酸化分解しつつ表面を超親水性状態にし，雨の日には雨水で汚れを洗い流すことができる．このように，有機物分解と超親水性による表面水膜形成によって外装建材の表面をきれいにすることを光触媒の自己洗浄機能と呼ぶ．

　光触媒を外壁面に直接塗ると，外壁表面に塗ってある塗料を分解する問題が生じる．通常は，シリカなどからなる中間層を設け，外壁表面の有機層を保護すると同時に光触媒層との接着力を高めている．ガラス面などの無機材に透明の光触媒を塗布する場合は中間層を設ける必要はない．

まとめ　光触媒をコーティングした外壁や窓ガラスに紫外線が当たると電子と正孔が生成し，酸素と反応して強い酸化力のある活性酸素が生成する．活性酸素が汚れの成分である有機物を分解して二酸化炭素と水を生成して無害化する．光触媒の超親水性作用によって表面が水となじみがよくなり，水の膜が汚れの下に入り込んで汚れを洗い流す．

44話　光触媒はなぜ防臭や空気浄化に使えるか？

　室内空気汚染がシックハウスとして認知され，主として化学物質が原因とされている．汚染源としては，家屋などの建設や家具製造の際に利用される接着剤や塗料などに含まれるホルムアルデヒドなどの有機溶剤，木材を生物の食害から守る防腐剤から発生する揮発性有機化合物（VOC），カビや微生物など100種類以上ある．生活空間での臭いは，汗臭，排泄臭，タバコ臭，生ゴミ臭などがあり，原因物質はアンモニア，酢酸，アセトアルデヒドなど10種類程度ある．これらの空気浄化に薬剤で対応することが困難である．

　これに対して光触媒は化学物質を酸化分解して除去することができるし，カビや微生物も有機物であるから，それらの表皮を酸化分解して殺すことができる．大気汚染物質である窒素酸化物も酸化して硝酸にすることで除去ができる．光触媒を用いた空気清浄機の構造例を図42に示す．

　光触媒は大量の物質を処理することはできない．それは，光触媒反応が表面反応であるし，活性酸素ができる効率が低いからである．ただ，シックハウスの原因となる化学物質や臭い成分の空気中における濃度は一般に小さいので光触媒が防臭や空気浄化に使えるケースも多いようである．人間が悪臭を感じる値（閾値）は物質によって異なるが，例えば，たばこ臭の成分であるアセトアルデヒドの閾値は0.0015 ppmと低濃度であるために，太陽光の1/1 000程度の紫外線強度の蛍光灯でも消臭が可能である．一方，台所の油汚れなどを取るためには，特別な紫外光源が必要となる．新幹線などでは全席禁煙となっているが，N 700系ののぞみ東京－博多間にデッキのところに1編成当たり4か所4人がタバコを吸える場所が作られている．その場所の頭上に空気清浄機があり，セラミックフィルターの上に光触媒が付いていて，光源が2つある．この装置が付いてからタバコの臭いに対する苦情はほとんどないそうである．家庭の室内で，タバコの臭いやペットの臭いなどが壁紙やカーテンに染み付いて取れないという場合は空気清浄機だけでは対応できない．そこで，壁紙やカーテン，ブラインドなどに予め光触媒を付けておいて，消臭や抗菌ができる製品がある．さらに，光触媒加工したエプロン，パジャマ，タオル，シーツ，靴下などが市販されている．これらを太陽の下で干したときに光触媒効果を発揮する．酸化チタンを衣類などに使用すると人体に害がないか気になるが，酸化チタンは口紅，顔料などや食品添加物として厚生労働省が指定した安全な

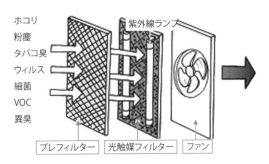

図42 光触媒を用いた空気清浄機の構造 [出典：藤島昭・村上武利監修/著，光触媒ビジネスのしくみ，日本能率協会，2008，p.83]

物質である．光触媒の機能は活性酸素の働きによるが，体外にある活性酸素は人体に影響を及ぼさない．

　光触媒を空気清浄機として使用する場合に，大量の臭気物質が存在する場合は効率が悪いという問題点がある．そこでプラズマで生成した酸素ラジカルなどの活性種による酸化分解と，その際に発生する紫外線による光触媒の効果により反応を加速させる方法がある．そのような装置の場合，空気清浄機は多段構造になっていて，① 高速電子を放出，② プレフィルターでホコリを除去，③ ホコリや花粉をプラスに帯電，④ 高性能フィルターでホコリや花粉を吸着，⑤ 光触媒でニオイやウイルスを除去，ニオイ成分を分解する．PM 2.5 などの粒子状汚染物質は生物粒子と非生物粒子があり，前者は花粉，アレルゲン，カビなどの微生物で，後者は粉塵や繊維である．これらの粒子はプラズマでプラスに帯電し光触媒を組み込んだフィルターに捕集された後に分解される．

　空気清浄機はホテルの鮮魚加工所，レストランのゴミ処理施設，病院や研究所などの実験動物施設などで設置が進んでいる．光触媒は効果の持続性が高く環境負荷が非常に小さい点も設置の動機になっている．

> **まとめ**　光触媒はシックハウスの汚染源として知られるホルムアルデヒド，揮発性有機化合物，カビや微生物などの化学物質を酸化分解して除去する．光触媒空気清浄機により，タバコ臭，動物臭などの消臭，花粉，アレルゲン，カビの除去，菌やウイルスの殺菌などができる．空気清浄効果を上げるため，プラズマの利用，紫外光源の設置が行われている．

45話　なぜ光触媒で曇らない鏡ができるか？

　窓ガラスや鏡が水蒸気で曇ることがあるが，これは，ガラスの表面に細かい水滴がたくさん半球状に付着し，光を散乱するためである．これを防止するために，親水性ポリマーを表面にコーティングする方法がある．家庭用のユニットバス内の鏡などに，多く使われておる．しかし，長期間使っているとコーティングが剥がれてくる．

　酸化チタン光触媒をガラス表面にコーティングすると曇らなくなり，半永久的に使える．光触媒をコーティングしたガラス表面に光を当てると，水滴は一様に広がり薄い水の膜となる．そのため，光の散乱はなくなり曇らなくなる．水滴が丸くなるか，横に広がるかは，水滴が付く物質の親水性，すなわち水に対する「なじみやすさ」によって決まる．親水性が非常に大きく付着した水滴が横に広がって水膜になることを超親水性という．超親水性の基準は固体と液体との接触角が $10°$ 以下の場合である．

　自動車のサイドミラーや浴室の鏡などは油汚れなどで水滴がつきやすい．酸化チタンでコーティングしておけば，油汚れは分解され水がついても超親水性のため水滴とはならず，そのまま流れ落ちる．そのため雨天時でもミラーが曇ることはない．また，水が酸化チタンとガラスなどの基材間に入り込んで基材表面に付着した汚れが浮かび上がり，雨などで水が流れて表面が洗浄される．この自己洗浄（セルフクリーニング）の作用は，ビル外壁や住宅用窓ガラスなどに応用されている．中部国際空港の窓ガラスにも適用されている．

　超親水性は，当初酸化チタンによる表面汚染物質の分解による清浄表面が現れるためと考えられた．その後，酸化チタン自体が光照射により構造が変わる結果，水の濡れ性が改善されるというモデルが提案された．超親水性発現のモデルを**図43**に示す．酸化チタン表面に紫外光が照射されると，生成した正孔は酸化チタンの表面酸素によって捕捉され，酸素ラジカルを生成する．この酸素ラジカルが2個結合して酸素分子として表面から離脱し，その後に酸素空孔（**図43**において四角で示す）が残る．酸素空孔はプラスに帯電し，H_2O 分子がやってくると，表面には OH^-（水酸）基が生成する．水酸基が生成すると，表面には水分子が次々に吸着して超親水性が発現する．一般に，固体表面が平坦でない場合に面－液面は平面に比べて実際の接触表面積が拡大し，実質の自由表面エネルギーが平面の場合より大

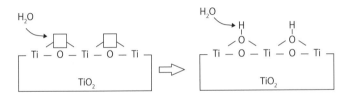

図 43 超撥水性発現のモデル
[出典：下吹越光秀，表面技術，Vol.50, 1999, p.247]

きくなる．そのため，濡れやすい表面はより濡れやすくなる．光照射すると，酸化チタン中に酸素欠陥が形成し，表面が不均一化して面の凹凸が多くなる．それで，水との接触表面積は拡大され，超親水性がより顕著になる．

光照射の条件では，酸素欠損によって OH^- が表面に形成されるが，この状態は熱力学的に不安定なため紫外線がない暗所では，元の表面に戻り親水性は失われる．シリカ（SiO_2）表面はほかの酸化物と比較して水酸基が安定して吸着することが知られており，シリカも酸化チタンと同様の親水性が確認されている．しかし，シリカは表面の汚れに対しても吸着性が高いため，親水性は徐々に低下して持続性がない．このシリカを酸化チタンと複合化させることで，一度超親水性が実現できれば暗所でも超親水性が 1 週間以上保持できる．

酸化チタンをコーティングした表面を覆う水が蒸発時に熱を奪うことで温度を下げる効果が注目され，都市部のヒートアイランド対策の一つとして考えられはじめている．これは，NEDO（新エネルギー・産業技術総合開発機構）のプロジェクトに採用され，実証実験が行われた．住宅などの壁面のような垂直面に水を流しただけでは水は筋状になって流れるだけであるが，酸化チタンをコーティングした壁面に散水すると，酸化チタンの超親水性によって水膜が表面を覆う．水膜が蒸発するときに熱を奪う効果で壁面の温度が下がる．NEDO の実験では，室内温度が約 2℃ 低下し，冷房負荷を約 20 % 低減できたとのことである．

> **まとめ**　自動車のサイドミラーなどは水滴がつくと曇るが，酸化チタンでコーティングすれば，超親水性のため雨天時でも曇らない．酸化チタン表面に紫外光が当たると，表面に OH 基が生成し水分子が吸着して超親水性となる．暗所では超親水性は失われるがシリカを酸化チタンと複合化させることで，暗所でも超親水性が 1 週間以上保持できる．

46話　光触媒はなぜ医療にも使えるか？

　光触媒は殺菌や抗菌の目的で医療器具や医療施設に利用されている．医療施設の手術室や待合室・廊下などの壁面や天井・床などへのコーティングによる院内感染の防止の実施例が多くある．医療施設の院内感染の防止のために光触媒タイルが開発された．これに光を照射すると，耐性菌といわれている MRSA などが 1 時間の照射で 99.9 % が死滅することが確認されている．さらに，手術室の床と壁に光触媒タイルを施工することにより，10 日程度で室内の空中に浮遊する細菌の数が減少する．ただ，室内では蛍光灯による微弱な紫外線しかなく，細菌を殺すのに日単位の時間かかってしまう．また机の下など光のほとんど当たらない場所では光触媒の効果がない．このため抗菌材料として実績のある銅や銀を担持した光触媒タイルが開発された．その材料に一度光を照射すると，微弱の光でも十分効果があることが確認されている．

　光触媒は強い酸化力による殺菌能力があるので医療器具への応用が進んでいる．その一つがカテーテルへの応用である．カテーテルとは，患者の体内に挿入して体内の液体を取り出したり，薬を注入するのに使用するゴム製のチューブで，主にシリコンゴムが用いられている．カテーテルを通して細菌が患者の体内に入り込み院内感染を起こす危険性がある．また再生型カテーテルは消毒液中に保管する必要があり，使い捨て型カテーテルの場合は，経済性，環境性の問題がある．カテーテルを再使用する場合は，使用後に紫外線照射ケースに保管して殺菌を行う．光触媒をカテーテルに応用するためには，シリコンゴムに均一で強力なコーティングをする必要がある．このために，デイップコーティング法と酸処理の組み合わせが用いられ，曲げ伸ばしにも耐えられるようになっている．また，体内でカテーテルを挿入した状態で長期間使用する場合には光を体内で照射することは困難なので，抗菌効果を持続させる必要がある．そのために，光触媒をコーティングしたカテーテル表面に抗菌材料である銀を微粒子の形で担持させる．

　整形外科領域において，化膿性関節炎や細菌性骨髄炎，膿瘍などの骨・関節感染症は難治性で多数回手術を必要とすることも少なくない．また，体内埋入インプラント関連感染症もしばしばある．その予防には種々の対策が講じられているにもかかわらず，手術例の 0.2 〜 17.3 % に術後感染が発生している．こうした問題に光触媒の殺菌能力が活用されている．

酸化チタンの持つ強い酸化力は，大腸菌や緑膿菌などの菌内の捕酵素コエンザイムAや呼吸系に作用する酵素を破壊し，菌の繁殖を抑制する．通常の抗菌剤は薬効成分の溶出により抗菌・殺菌をするのに対し，酸化チタンは光照射により生成する活性酸素による反応であるため薬効成分の溶出はない．さらに酸化チタンは死滅した菌を極限まで分解し，大腸菌が死滅して生成するエンドトキシン毒素も分解するので被毒の心配はない．また最近，菌だけではなくインフルエンザのようなウイルスも酸化チタンにより死滅させるという報告もある．ウイルスのサイズは菌の1/10程度であるため，細菌よりも短時間でしかも微弱光照射で不活化が期待されている．

光触媒が菌やウイルスを殺す能力があることが分かったことから，ガン細胞を殺すことが期待されるようになった．それでガラスの表面に光触媒の薄膜を付けておいて，ガン細胞を培養し，その後で光を照射してガン細胞の変化を測定する実験が行われた．ガン細胞に光を当てた直後に染色してガン細胞の生死を調べると，光を当てた部分だけ死ぬことが確認された．光の照射時間を短くしていくと，最短で3分で効果があることが分かった．光照射によるガン治療を考えると，光が効率よく光触媒反応を活性化すると同時に正常な細胞には突然変異などの傷を与えない光でなければならない．そういう点から360 nm付近の波長の光が適当で，その波長の光を発生させるか取り出す装置が必要である．さらに，実際の治療を考えると，ガン細胞の部位に酸化チタンの微粒子を取り込ませる技術や酸化チタンをガン細胞に直接打ち込む技術の開発が行われている．

まとめ　光触媒タイルに光を照射すると耐性菌のMRSAなどが死滅するので，光触媒は手術室や待合室・廊下などの壁面や天井・床などに塗られている．光触媒は大腸菌やウイルスをも殺す能力があることが分かりカテーテルに応用されている．また，光触媒はガン細胞を殺す能力があることが分かり，ガン治療に生かすための技術開発が進められている．

47話　光は真っ直ぐ進むのに曲がった光ファイバーでなぜ通信できるか？

　ADSL や CATV，FTTH などいわゆるブロードバンド・ネットワークによるインターネット接続が最近急激に増大している．その中でも特に，光ファイバーを用いた FTTH は，高速で大容量の通信手段として加入者数が増えている．

　光ファイバーは人間の髪の毛ほどの細いガラスでできており，その中に光信号を閉じ込めそれほど減衰させずに遠方まで伝搬させることができる高性能の伝送媒体である．光通信を行ううえで最も重要な要素として，光の減衰が極度に少ない伝送媒体と小電流で動作する高安定・長寿命の光源が必要になる．このような中で伝送媒体として光ファイバー，光源として半導体レーザーが実用化された．

　光ファイバー通信システムの基本構成を図44に示す．基本的には，従来の銅ケーブルをそのまま光ファイバーケーブルに置き換えたものである．まず，電話，パソコンなどの端末から送られる電気信号は，E/O 変換器により光信号（デジタル信号の 0，1 は光の点滅に対応）に変換され，光ファイバーに送り込まれる．光ファイバーの中を伝わった信号は，通信相手の O/E 変換器へ届くと，その光信号が電気信号に変換され，各端末に送られる．E/O 変換器には半導体レーザーなどの発光素子，O/E 変換器にはフォトダイオードなどの受光素子が用いられる．また，光ファイバーの入出力部には，レンズなどの光学素子が用いられる．半導体レーザーの発光部の大きさは μm オーダ，フォトダイオードの受光部は 100 μm オーダ，光ファイバーのコア径は 10 μm 程度と小さいため，これらを正確に位置合わせするには高い技術が必要とされている．

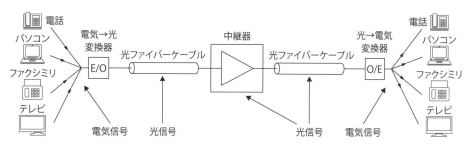

図44　光ファイバー通信システムの基本構成
[出典：西村憲一・白川英俊著，やさしい光ファイバー通信，オーム社，1993]

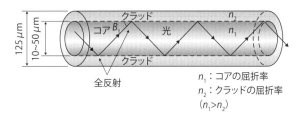

図 45 光ファイバーの構造［出典：富士通研究所　ホームページ］

　光ファイバー通信は，従来の銅ケーブルを用いた通信システムに比べ，光ファイバーの特長である低損失，広帯域という利点を生かし，長距離・大容量通信を可能にする．光ファイバー通信の特長は，低損失（～0.3 dB/km），広帯域（数百 MHz～THz），軽量，電磁誘導性がなく雑音が入りにくい点などである．

　光ファイバーは，**図 45**に構造を示すように，同心円状の 2 層になっていて，中心部はコアで屈折率 n_1 が高い物質で，周辺部はクラッドで屈折率 n_2 が低い物質でできている．光は直進するので光ファイバーも直線にしたいが，実際にすべてを直線に配線することは不可能である．それでコアとクラッドの 2 層構造にして光の全反射を利用して曲がった光ファイバーでも損失を少なくしている．しかし，光ファイバーの曲がりが強過ぎると全反射は起こらずに光の漏れが生じてしまう．

　ガラス製の光ファイバーは，コア，クラッドともに石英ガラスが用いられる．光を閉じこめて伝播させるにはコアとクラッドに屈折率差が必要なため，コアには屈折率を大きくするために Ge（ゲルマニウム）や P（リン），クラッドには屈折率を小さくするために B（ホウ素）や F（フッ素）などが添加される．プラスチック製よりも伝送損失が小さいため，長距離伝送用の光ファイバーとして用いられる．通信に用いる場合，伝送損失を下げる必要があるため，コア材料は最大の透明度が得られるように高純度の石英ガラスが使われている．特に含水量（OH 基）は数 ppm までに低減させている．これにより，伝送損失は 0.3 dB/km 以下に抑えられている．

ま と め　　光ファイバー通信では電話などから送られる電気信号は E/O 変換器で光信号に変換して光ファイバーに送られ，通信相手の O/E 変換器で光信号を電気信号に変換する．光ファイバーは同心円状の 2 層になっていて，中心部はコアで屈折率が高く周辺部はクラッドで屈折率が低い．光ファイバーが多少は曲がっても，コアとクラッドの界面で光が全反射して損失を少なくして通信できる．

48話　ファイバースコープの仕組みは？

　ファイバースコープとは，柔軟性のある光ファイバーの一端にレンズをもう一端にアイピースを取り付け，視界の届かない微小空間を覗いて撮影できるもので内視鏡とも呼ばれる．不透明な物体の内部を見る場合に，隙間からファイバーを挿入すると内部の様子を見ることができる．また，ファイバーは柔軟なためその隙間が曲がっていてもそれに沿って入れることができる．レンズには広角レンズが使われていることが多く，アイピースの代わりにカメラなどを接続することもできる．

　1990年代は光ファイバーの束で映像を投影するファイバースコープであったが，超小型撮像素子（CCD）をスコープ先端に取り付けたビデオスコープに置き換わりつつある．ビデオスコープの解像度はファイバースコープの10倍以上とされ，より精細な検査ができるようになっている．ビデオスコープは映像をケーブルで電送するため，ファイバースコープでは実現できなかった10mを超える長さが可能になり，用途が広がっている．ランプを使った光源の代わりに高輝度LED照明をスコープ先端に配置することで，低消費電力バッテリ駆動，画像記録機能付き小型化，挿入部の耐久性向上が実現している．

　医療用ファイバースコープは胃カメラとしてスタートし，内視鏡として食道，十二指腸，小腸，大腸，気管支，胆道など各分野に広がった．診断に加えて内視鏡を使っての治療が可能になってきたことで，内視鏡は医療現場では欠かせない地位を確立した．

　内視鏡の構造例を**図46**に示す．操作部のアングルノブを回すことにより，スコープ先端の湾曲部が上下左右に曲がり体内への挿入を容易にするほか，体腔内を360°観察できる．挿入部の先端部は，対物レンズと撮像素子，光源装置からの光で体内を照らす照明レンズ，処置具の出し入れと吸引口を兼ねた鉗子口，水や空気を送り出すノズルの4つから構成される．対物レンズは超広角レンズで，病変をより詳細に観察するため拡大ズーム機能がついたものもある．照明レンズは，光ファイバーで導かれた光源装置の光で体腔内を明るく照らし出す．鉗子口から処置具を出し入れし，組織を採取したり，病変を切り取ったりする．ノズルはレンズ部分に水をかけて洗浄するほか，空気を送り込み体腔内を膨らませる機能がある．接続部は，ユニバーサルコードを通じて，ビデオプロセッサーと光源装置とつながる．

　本体と周辺機器は，ビデオプロセッサー，光源装置，テレビモニタの本体部分お

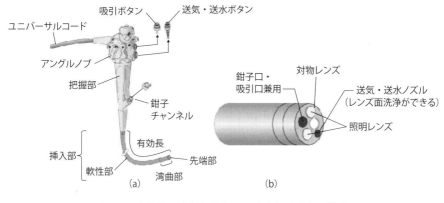

図 46 内視鏡の（a）操作部および（b）先端部の構造
［出典：オリンパス（株）　ホームページ］

よび画像記録装置などの周辺機器からなる．ビデオプロセッサーはスコープ先端部の撮像素子からの電気信号を映像信号に変換し，液晶モニターに映し出す．最新の機種はハイビジョンのほか，色彩強調，狭帯域光観察などさまざまな画像処理に対応している．光源装置は，キセノンランプで自然光に近い光を発生させ，スコープの先端部に光を送る．高精細な内視鏡画像から消化器内の粘膜表面の微妙な色の変化により，早期の病変が見つかるようになってきた．病変の疑いのある粘膜に色素を散布し，特定の色信号を強調することで病変部分を見やすくして，がんなどの腫瘍や潰瘍の発見に威力を発揮している．

さらに，ファイバースコープの先端に超音波振動子を取り付けた超音波内視鏡も登場した．超音波を発生させると，超音波は対象物の中を進んでいき，固いものに当たると反射する．その反射音波を測定し，反射音が返ってくるまでの時間から距離を計算，内部の様子を可視化する．臓器の内部に超音波を当て反射した超音波を画像データとして処理することによって通常の内視鏡では見ることができない粘膜下の病変，膵臓など深部の臓器の詳細な観察が可能となった．

カプセル内視鏡も登場した．デジタルカメラと光源を内蔵した小型カプセル型のものである．患者が飲み込んだ内視鏡が消化器官を撮影し，画像を体外に送信して体外のモニターに映す．カプセル内視鏡の形状は薬のカプセルに似ているが，大きさは薬のカプセルよりも大きい．カプセルにはCMOSやCCDのカメラおよび無線装置がある．カプセル内視鏡は蠕動運動によって消化管内を移動しながら撮影し，

画像データを体外に送信する．画像データの受信は，患者が装着するベストに内蔵された受信機で行う．撮影を終えたカプセルは自然排出され，再使用しない．

　ファイバースコープは，工業用の分野でも目的の部分へ簡単にはアクセスできない装置などの内部を点検するために使われている．災害救助用スコープ，機械加工，コンピュータの修理，スパイ活動，錠前業，金庫破りなど幅広い分野で使われている．

㋮㋣㋱　　ファイバースコープは柔軟性のある光ファイバーにレンズを，もう一端にアイピースを取り付け，視界の届かない空間を覗いて撮影できる機能を持ったものである．医療用スコープでは先端の湾曲部が上下左右に曲がり体腔内を360°観察できる．スコープ先端部の撮像素子の信号を液晶モニターに映し出し，画像処理して特定の色を強調し，病変部分を発見しやすくできる．

第9章

食品と色

私たちは食品の色によって鮮度を判断したり，食欲をそそられたりする．この章では，熟すると果実が色づく理由，赤ワインが動脈硬化を抑制する理由，食肉の色による評価，白身魚と赤身魚の違いなどについて述べる．

49話 果実は熟するとなぜ色づくか？

　秋に色づくカキもミカンもリンゴも，熟れる前は緑である．これは果皮に葉緑素が含まれているからであるが，日照時間が短くなり気温が下がると葉緑素は分解され，カキやミカンの場合はもともとあった黄色のカロテノイドやフラボノイドが目立つようになる．リンゴの場合はもともと含まれていた赤を発色するアントシアニンが目立つようになる．緑のリンゴを赤くしたいときは日なたに置いて霧吹きで水をかけてやると，翌日には赤くなる．

　植物の果実は成熟するとなぜ甘くなり色づくのだろうか．それはひとえに動物に食べてもらいたいためである．果実が成熟すると，カロテノイドやアントシアニンという色素が生成されて緑色だった果皮は赤や黄，紫に変化する．色づくことで動物に「食べてもいいよ」というサインを送ると同時に，緑色の中から熟れた果実を見つけてもらいやすくしている．食べてもらうためには，熟れるにつれて果実は甘くないといけない．逆に，未熟なときに果実を食べられては困るので，植物は果実の色を葉と同じ緑色にして見つかりにくくし，食べられないよう苦味や毒で防御する．植物が動物に果実を食べてもらうのは，種子をあちこちに運んでもらうためである．成熟すると果実が甘くなり色づくのは，植物の種の保存のための仕組みで，動物は種子をあちこちに運んでやる代わりに，餌として果実を頂くわけである．

　鳥についばんでもらえるような小さな木の実などはともかくとして，リンゴや桃，ビワなどのように，比較的大きな果実は，拇指対向性が発達した霊長類にもぎ取ってもらわなければならない．霊長類はそのために色覚を進化させた．

　爬虫類や鳥類，昆虫類，魚類などは，赤，緑，青のほかに，紫外線光を感知できる4色型色覚を持っていると考えられている．紫外線撮影で撮った花の写真は，蜜が豊富にある花芯部分や花びらの根元の近くに濃いコントラストがある．このことは，紫外線光を感知する蝶や蜂たちが蜜のありかを見つけるのを容易にしている．爬虫類から進化した哺乳類の祖先は，初めはこの4色型色覚を持っていたが，中生代に恐竜の餌食となることから逃れるために夜行性にならざるを得なかった．暗いところでも物が見える桿体細胞の機能が進化した代わりに，紫外線光の感知能力が退化し，色覚も緑と赤を区別しにくい2色型色覚となった．ところが，森林に住んで昼間に活動することが多くなった霊長類は色覚を進化させ，3色型色覚（赤・緑・青）を取り戻す．緑と赤の区別がしやすくなり，赤，緑，青に対する感度の組

み合せにより，幅広い色を認識できるようになった．その結果，緑の中から餌となる成熟した果実を見つけことが容易になった．それと同時に，苦味と甘味を区別できる味覚を身につけた．ここで，霊長類がそのような進化を遂げる以前から，果実は熟れたら甘くなり色づいていたのかという疑問がわく．いくら果実が甘くなり色づいても霊長類がそのことを認知してくれなければ意味がない．しかし，果実が甘くなり色づくことがなければ，霊長類が進化を遂げることもなかったので，おそらく植物と動物は相互に次第に進化し合っていったに違いない．植物と動物の相互依存の神秘性を感じずにはいられない．

　植物は，日ざしが弱まり気温が低下してくると，冬支度を始めるために緑色の葉緑素を作らなくなる．秋に紅葉するのも同じ原理である．きれいな赤い葉ができるのには，昼間の日ざし，夜の冷たさ，それに水分が必要で，山奥の紅葉がきれいなのはこのためである．それは，リンゴやミカン，カキなども同じである．

　果実に袋を掛ける理由は，病害虫の被害が防止でき，薬剤散布の回数が少ない表面の荒れを防ぎ，果実の葉緑素が退化して着色が鮮明になり，裂果が起きやすい品種ではこれを防ぐためである．有袋栽培はこのようなメリットはあるが，果実の糖度は無袋栽培に劣る．

まとめ　秋に色づくカキ，ミカン，リンゴも熟れる前は緑で，葉緑素が含まれている．日照時間が短くなると葉緑素は分解され，カキやミカンはもともとあった黄色のカロテノイドやフラボノイドが，リンゴは赤を発色するアントシニアンが目立つようになるため色づく．果実が色づくのは霊長類に食べてもらい，種子を運んでもらうためである．

50話　赤ワインなどに含まれるポリフェノールは健康によいか？

　ポリフェノールといえば，赤ワインを思い浮かべる人が多いだろう．植物中のポリフェノールは，表皮や種子に多く含まれている．ブドウの果皮を多く含む赤ワインにはアントシニアン系のポリフェノールが多く含まれているが，果皮を取り除いて作られる白ワインにはあまり含まれていない．

　ポリフェノールが注目されたのは，1990年代初めにフランスの学者がフランス人が喫煙率が高くバター，肉などの動物性脂肪の摂取率が高いのに心筋梗塞や狭心症による死亡率が低いという「フレンチパラドックス」を発表したことにある．その原因を赤ワインの摂取と説明したことから，ポリフェノールが世界で注目を浴びることになった．アメリカでは，テレビ番組でそれが放映されると店頭から赤ワインがなくなり，日本でも赤ワインブームのきっかけとなった．ポリフェノールは，多くの植物が光合成する際に作られる色素や苦み，渋み，アクの成分である．ポリフェノールは，植物細胞の生成，活性化，分裂を助け，外部からの有害物を無毒化する働きで植物を守るのに必要な成分である．

　ポリフェノールはベンゼン環およびOH基を複数含む植物起源の物質で5 000以上の種類がある．お茶に含まれるカテキン，そばのルチン，大豆のイソフラボン，コーヒーのクロロゲン酸，チェリーのシアニジン，リンゴなど多様な物質に含まれるケルセチンなどもポリフェノールの一種である．カテキン，クロロゲン酸，シアニジン，ケルセチンの化学構造を図47に示す．

　ポリフェノールを摂取することによってガン，心疾患，老化などの原因となる活性酸素を除去する作用が期待されている．ヒトは呼吸によって摂り入れた酸素で栄養素を酸化分解しエネルギーを得ている．この過程で酸素のごく一部が活性酸素に変わり，脂質の過酸化，DNAの酸化などを引き起こす．ヒトの体内にはSODという抗酸化酵素があって活性酸素を除去するが，加齢とともにSODは減少する．活性酸素が過剰になると，脂質，タンパク質，DNAなどの酸化損傷を引き起こし，ガン，動脈硬化，老化などの原因になる．ポリフェノールは酸化されやすい性質があり，酸化されることによって活性酸素などの酸化性物質を除去する．

　赤ワインが動脈硬化を抑制する機構は次のように考えられている．体内で悪玉コレステロール（LDL）は血管内皮下で酸化されると（酸化LDLになると），マクロファージに取り込まれて泡沫細胞化して血管壁を浮腫させるので，動脈硬化，心疾

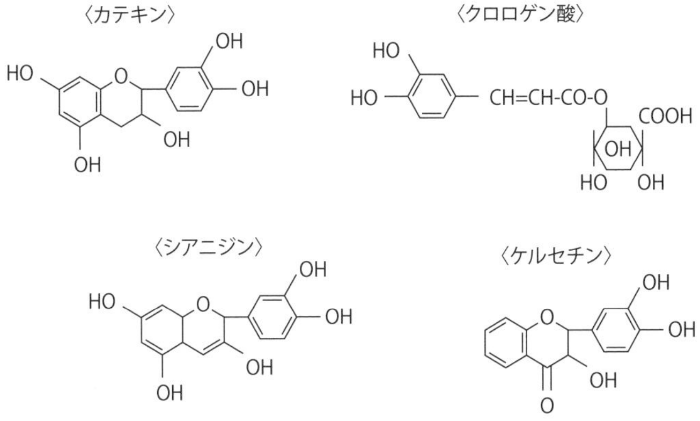

〈カテキン〉　　　　　　　　〈クロロゲン酸〉

〈シアニジン〉　　　　　　　〈ケルセチン〉

図47 ポリフェノールの化学構造

患を起こす．LDL が悪玉ではなく，酸化 LDL が本当の悪玉なので，それを抑えるポリフェノールが有効である．

　脂っこい食べ物を食べた後に紅茶やウーロン茶を飲むと胃がスッキリするのはタンニンの働きによる．ただ，ポリフェノールは一度に大量摂取しても，持続効果は2〜3時間と短かいので，こまめに摂取すると効果的である．ポリフェノールは果皮に多く含まれているので，皮ごと食べられる果物を選択するのがよい．ビタミンCはポリフェノールではないが，酸化されたポリフェノールを修復する作用がある．ポリフェノールを多量に摂取しても病気を治すような効果はない．しかし，ポリフェノールは野菜や果物など幅広い食品に含まれている．普段からバランスのとれた食生活を守ると自然にポリフェノールも摂り込むことになり，生活習慣病の予防や老化防止に役立つと思われる．

　⓶⓷⓸　ポリフェノールはガン，心疾患，老化などの原因となる活性酸素を除去する作用を持つと期待されている．ポリフェノールはブドウ（赤ワイン），緑茶，そば，大豆，コーヒー，リンゴなど多くの野菜や果物に含まれる．ポリフェノールを多量に摂取しても病気の治療効果はないが，生活習慣病の予防や老化防止に役立つと考えられる．

51話 食肉は色でどのように評価されるか？

食肉の品質で評価されるのは，赤肉の色と脂肪の色である．赤肉の色は脂肪やスジが少ない肉の部位で，筋線維内のグロビンとヘム色素からなるミオグロビンによる．ミオグロビンはヘモグロビンと同じく鉄を含む赤色のヘムたんぱく質で，筋肉色素と呼ばれている．ミオグロビンは157個のアミノ酸のポリペプチド鎖1本と鉄ポルフィリンからなる小さな球状タンパク質である．このミオグロビンの役割は酸素を取り込んで筋肉組織に供給することで，酸素親和性はヘモグロビンよりも強く，運搬効率は高くなっている．

畜種別の食肉のミオグロビン含量は，豚で0.06 %，羊で0.25 %，牛で0.50 %，馬で0.80 %となっている．豚肉の色はミオグロビン含量が少ないので淡赤色であるが，含量が増えるにつれて色が濃くなり馬肉では濃赤色となる．

牛肉の場合，つやのある鮮紅色がよいとされている．ただし，切ったばかりの肉や重なった肉の下側のものは空気に触れていないため，暗赤色をしている．また，家畜の年齢や部位によっても色が多少違う．若い牛の場合はやや淡い赤色であるが，加齢に伴ってミオグロビンの量が多くなり赤みが濃くなる．運動量の多いすね，肩，外ももなどは色が濃くなる．豚肉の場合，肉色はつやのあるピンク色がよいとされている．牛肉と同じように，肩や外ももなど運動量の多い部位はやや濃い色になる．

図48にミオグロビンのヘム位の構造を示す．ミオグロビンは分子量17 500くらいで，グロビンタンパク質とヘム色素とが1対1の割合で結合している．このヘムの中央の鉄は1～6までの配位を持ち，1～4まではポルフィンのNで占められ，6位はグロビンタンパク質のヒスチジン残基で占められている．図48のXに当たる第5配位にはH$_2$O，Cl$^-$などと弱い結合を作り，強い配位子であるCO，CN$^-$，NOなどがくると，これらの配位子に占領される．O$_2$との結合は中程度で，pHの値によって，酸素の需要に応じて放出される．しかし，CO，CN$^-$，NOと結合するとO$_2$との交換はできない．

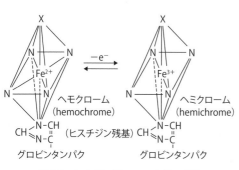

図48　ミオグロビンのヘム位の構造

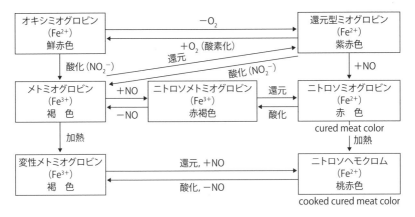

図 49 ミオグロビンの化学反応による色の変化 [出典：神谷明紘編，肉の科学，朝倉書店，1996，p.131]

　ミオグロビンに酸素分子 O_2 が結合したものをオキシミオグロビン，ミオグロビンのヘム色素の Fe^{2+} が Fe^{3+} に酸化されたヘミクロームの状態のものをメトミオグロビンという．メトミオグロビンに NO を作用させたものをニトロソメトミオグロビン，それを還元したものをニトロソメトミオグロビンと呼ぶ．

　ミオグロビンの化学反応による色の変化を**図 49** に示す．屠畜直後のミオグロビンのヘム色素に含まれる鉄は還元型で暗赤色であるが，時間の経過とともに，空気中の酸素と結合することで，オキシミオグロビンとなり，鮮赤色となる．さらに酸化するとメトミオグロビンに変わり，肉は褐色になる．食肉を加熱すると，赤色から褐色に変化するのは，ミオグロビンが熱によって変性し，変性メトミオグロビンになるからである．この肉の色の変化を防ぐため，ハムやソーセージなどの肉製品では，塩析工程で加えられる発色剤（亜硝酸塩と硝酸塩）の作用によってミオグロビンのヘム鉄がニトロソ化され，安定な化合物であるニトロソミオグロビンが生成する．NO は O_2 よりも強くヘム色素に結合するため，ニトロソミオグロビンは加熱してもあまり変色しない．

まとめ　食肉は赤肉の色の具合で評価される．赤肉の色は筋線維内のグロビンとヘム色素からなるミオグロビンによる．若い牛はやや淡い赤色で加齢に伴ってミオグロビンの量が多くなり赤みが濃くなる．空気に触れていない肉は暗赤色で，酸化すると鮮赤色となり，加熱すると褐色に変化する．ハムなどの肉製品では，発色剤を加えてニトロソ化して安定な化合物を作るため加熱してもあまり変色しない．

52話　白身魚と赤身魚は何が違うか？

　白身魚の代表はタイとヒラメで，赤身魚の代表は回遊性の青もののマグロ・カツオ・イワシ・サンマなどである．身の筋肉が赤く見える魚類を赤身魚と呼ぶ．赤くなる理由はヘモグロビンとミオグロビンが多いからである．ヘモグロビンは血液色素たんぱく質，ミオグロビンは筋肉色素たんぱく質である．

　赤身魚の回遊魚は集団生活をし，高速で泳ぎ続け，寝ている間も泳ぐのを止めない．そのため大量の酸素が必要で，酸素を効率よく使うための働きをするのが色素タンパク質である．白身魚は回遊しないで，深海性で集団生活をしない魚が多い．色素タンパク質の量は，赤身魚が筋肉 100 g 中に 150 mg くらいあるのに対して白身魚は 10 mg 以下しか含まれない．水産学では 100 g あたりのヘモグロビンとミオグロビンの含有量が 10 mg 以下のものを白身魚，10 mg 以上のものを赤身魚としている．ブリ・ハマチ・カンパチ・ヒラマサは白身として扱うが，血合いがあるので正確には赤身である．

　白身魚はヒラメ，カレイ，タイ，タラ，フグなどで近海のものが多い．入り組んだ海岸線近くで獲物を追いかけたり，逆に追われたりするため，素早く行動できるが，疲れやすい速筋が発達している．速筋は，遅筋に比べミオグロビンが少ないので白く見える．白身魚は磯や底でじっとしている魚が多く，持続力のある筋肉はない．そのかわり瞬間的に爆発的な力を出す白筋が発達している．ヒラメやカレイなどは砂の中で待ち伏せし，エサがきたら一気に噛みつく．この瞬発力がある白筋のため白身魚は身が硬く締まり，シコシコの刺身になる．白身魚は，脂肪分が少なく，味が淡泊でコラーゲンが豊富である．料理をするときは生だと少々かたいので，薄く切るようにする．加熱すると肉質が柔らかくなるが，ほぐれやすくなる．かまぼこなどの練り製品の原料には，身に脂肪が少なく，上品で淡白な味のタラやタイのような白身の魚が最適で，蒲鉾やちくわのように主にたんぱく質の力を生かして，弾力や淡白な味を強調する練り製品に適している．赤身に比べてヒスチジンが少なく，低脂肪で高タンパクなので白身魚は幼児や高齢者に向いている．

　赤身魚は脂肪分が白身魚より多く，濃厚でうま味が強いのが特徴である．赤身の魚は近海性回遊魚と遠洋性回遊魚に分かれる．近海性回遊魚はアジ，サバ，イワシ，サンマなどで，白身の魚よりも皮膚が厚く血液サラサラ効果があるといわれる EPA や脳の働きを活性化するといわれる DHA が豊富に含まれている．遠洋性回遊魚は

カツオ，マグロなどで，タンパク質が豊富で刺身など生でおいしく，加熱すると硬くなる．日本では刺身として水産物を生のまま食べるため，魚肉の色は商品価値を左右する．赤身肉のカツオ・マグロは，鮮度のよい状態だと鮮紅色であるが，鮮度が悪くなると暗褐色に変わり，刺身としての商品価値が低くなる．この色の変化は味や微生物腐敗とは関係なく，暗褐色になったからといって腐敗しているのではない．赤身の魚は，マグロやアジやイワシのように，脂肪やエキス分が多く味が濃厚なので，さつま揚やつみれなどのように味や栄養を強調するものに適している．

　身が赤いサケやマスは赤身だと考えがちであるが，ヘモグロビンとミオグロビンの含有量はごくわずかで，サケ・マス類は白身魚である．サケの身を赤くしている色素はカロテノイドの一種であるアスタキサンチンである．サケやマスは小さいときは身の色が白いが，アスタキサンチンを含むエビやカニを食べて育つため，身が赤くなる．アスタキサンチンは植物由来の色素で藻類に多く含まれるが，エビやカニが藻類を食べ，食物連鎖によってサケやマスの体内に蓄えられる．日本ではより赤いサケ・マスが好まれ，身の色調が重要である．そのため海を回遊しない養殖ものは，エビやカニを食べる機会がないのでアスタキサンチンを飼料に混ぜて，赤身に変身させている．エビ・カニは，アスタキサンチンがたんぱく質と結合しているため黒褐色から青緑の色をしているが，加熱するとたんぱく質との結合が切れ，アスタキサンチン本来の色調が発現して赤くなる．養殖マダイの場合は，日よけ布を張って体表にある黒色色素であるメラニンの増加と蓄積を防止し，アスタキサンチンによる赤い色調のマダイを生産している．

まとめ　マグロなど赤身魚は泳ぎ続けるので大量の酸素が必要でヘモグロビンなど色素タンパク質が多く赤い．タイなど白身魚は色素タンパク質が少ない．白身魚は磯や底でじっとしていて持続力のある筋肉はないが，瞬間的力を出す白筋が発達している．サケ・マス類は白身魚であるが，藻類などを食べるエビ・カニを食べて育つため植物性のアスタキサンチンの赤色を示す．

コラム

食品の着色料

　食品には，さまざまな色があり食欲の増進や食生活を豊かにする効果がある．しかし，自然の色は維持が難しいため着色料が使われてきた．タール色素と呼ばれる合成着色料は，着色性と色持ちに優れており，微量の使用で効果があり，価格も安価である．一方，天然系の着色料は天然物を原料としているため消費者に受け入れられやすいが，着色性に劣るため使用量が多くなり，結果的に高価になる．日本では伝統的な食習慣から色の派手なものよりも，より自然に近い色を好む傾向がある．

　食用タール系色素は石炭や石油を原料とする合成着色料で，12種類が指定されている．発ガン性やアレルギーなどが疑われ，外国では使用禁止のものもある．菓子，漬物，魚介加工品，畜産加工品などに使われる．

　ウコン色素はショウガ科ウコンの根茎より有機溶媒で抽出して得られる．主成分はクルクミンという鮮やかな黄色の色素である．食肉加工品，農水産物加工品などに使われる．

　カラメル色素は糖類やデンプンの加水分解物，糖蜜などを加熱処理して得られる．カラメルには風味付け効果もあり，しょう油やソースなどに使用されている．清涼飲料水，乳飲料，菓子，しょう油，漬物，つくだ煮などに使われる．

　カロテノイド色素はサツマイモ，ディナリエラ藻，ニンジン，トマトなどから抽出される色素で，主成分はカロテンで，黄色〜橙色〜赤褐色を呈する．カロテンは，体内でビタミンAに変わるプロビタミンなので，栄養強化の目的で使用されることもある．バター，マーガリンなどの油脂製品や混濁系果汁飲料，めん類，菓子類，健康食品などに使われる．

　ほかに植物系色素として，クチナシ色素，コチニール色素，銅クロロフィル色素，ベニコウジ色素，ベニバナ赤色素などが使われている．無機系の着色料には，酸化鉄と二酸化チタンが使われている．

第 **10** 章

暮らしと色

私たちの暮らしは色に囲まれている．この章では黒鉛筆と色鉛筆，ボールペンでなぜ字や絵が書けるのか，カラーテレビやデジタルカメラの仕組み，光で色が変わる調光ガラスを用いることによって透明状態と遮光状態を制御する仕組みについて述べる．

53話　鉛筆でなぜ字が書けるか？

　鉛筆には芯があり黒鉛でできているために，紙に字や絵が書ける．鉛筆は鉛の筆と書くように，昔は，鉛や銀で字や絵を書いた．黒鉛に粘土を混ぜて焼き固めると，鉛筆の芯になるのである．鉛筆で書くというのは，この黒鉛でできた芯で，紙の上を強くこすることをいう．紙の上に書いた鉛筆の字を顕微鏡で見ると，表面に細かい黒鉛の粒がたくさん並んでいるのが見える．

　図 28 に黒鉛の構造を示した．ベンゼン環が平面状に連なった形では，π 電子が平面に垂直に多数あり，いろいろな波長の可視光を吸収するので，グラファイト構造を持った炭は黒い．ベンゼン環の平面に垂直な方向では結合が弱いので黒鉛は層状に壊れやすい性質を持っている．鉛筆で紙の上に字や絵が書けるのは，芯を紙に強くこすりつけるために，グラファイト構造が層状に壊れて黒鉛の粉が紙にくっつくからである．

　では紙に載っているだけの黒鉛の粉がなぜ揺すってもひっくり返しても同じ位置にあるのだろうか．表面に塗料が塗られていない紙はセルロースの細長い繊維でできていて，ある部分は結晶化し，ある部分は絡み合った状態で伸びている．黒鉛と粘土から作られた鉛筆の芯が，文字を書くとセルロース繊維の摩擦抵抗を受けながら，少しずつ削られることで黒い粉ができる．この粉が紙の繊維に付着することで文字や絵を書くことができる．鉛筆の粉は繊維に染み込むのでもなく接着するのでもでもなく，繊維に絡まっている状態でくっついている．これが紙ではなくガラスやプラスチックだとしたら，つるつるしているので，鉛筆では字は書けない．表面にある凸凹が紙などに比べて少ないためである．

　鉛筆の芯は粘土と黒鉛の割合で濃さと硬さが決まる．例えば，HB の場合，黒鉛 7 に対し粘土 3 である．粘土の割合が多ければ多いほど，芯は硬く色は薄くなる．鉛筆についている H, B, F といった記号は，芯の濃さと硬さを表すものである．H は HARD（硬い），B は BLACK（黒い）の略字で，H の数字が多いほど薄く硬い芯を示し，B の数字が多いほど濃く柔らかい芯を示す．F は FIRM（しっかりした）という意味で，H と HB の中間の濃さと硬さを持つ．普通の鉛筆の芯は黒鉛と粘土を 1 000 〜 1 200 ℃ で焼き固めたものであるが（図 50），シャープペンシルの替芯は，粘土の代わりにプラスチックを使用している．このため粘土を使ったより高強度な芯となる．

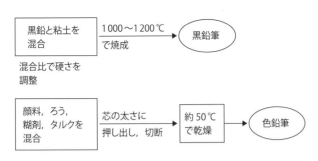

図50 黒鉛筆と色鉛筆の製造方法

　消しゴムで文字が消せるのはなぜだろうか．消しゴムで黒鉛のついた紙面をこすると，消しゴム本体からゴムが剝がれる．そのゴムかすが黒鉛の粉を効率よくくっつける性質を持っているため，紙から黒鉛を絡めとることで文字が消える．実際には，ゴムで紙の表面にあるセルロース分子の一部を黒鉛とともにちぎり取っている．よく観察すると消しゴムで消した部分は紙が少し薄くなっている．今使われている消しゴムには，ゴム製のものとプラスチック製のものとがある．ゴム製のものは，紙の表面を少し削り取って消すが，プラスチック製のほうは，黒鉛の粒を包み取るようにして，消すといわれている．

　色鉛筆は，顔料とろうなどを固めた芯を木製または紙巻きの軸に収めた画材・筆記具である．鉛筆の一種であるが，普通の黒芯鉛筆とは芯の製法が違い，含む顔料によってさまざまな有彩色および無彩色の芯を持つ．筆記，図画，マーキングなどに用いられる．

　芯の原料には着色顔料や染料，タルクなどの体質顔料，展色剤としてのろうや糊剤が用いられ油性である．金色や銀色には銅やアルミニウムの金属粉が用いられる．組成例として，タルク50％，ろう25％，顔料20％，糊剤5％が示されている．高温で焼成される黒鉛芯とは違い，色鉛筆芯は50℃程度の乾燥によって仕上げられる（**図50**）ため，多くの顔料が使用でき，ソフトな描き味を持つ．またろうを含むため紙への定着性がよいが，消しゴムで消しにくくなる．硬度は硬質・中硬質・軟質があり，硬質は製図用途，中硬質は筆記や図画用途，軟質は紙以外への使用に適する．実用上の摩耗性は黒芯鉛筆と比較すると硬質でB相当，軟質で10B以上とされる．

　芯のみを交換できる芯ホルダー式色鉛筆や，シャープペンシル用の色芯もある．シャープペンシル用の色芯には，色鉛筆と同じ製法の非焼成芯と強度を増した焼成

芯がある．後者は原料に窒化ホウ素やタルク，雲母，粘土鉱物を用いて白色多孔質に焼成され，これにインクを染み込ませることで製造される．

近年フリクション色鉛筆というものが登場した．使い勝手は普通の色鉛筆と全く同じであるが，違うのは軸のおしりに消しゴムがついているところである．これでこすると描いた線をきれいに消すことができる．この消しゴムでこすることによって発生した熱で，色鉛筆の色が透明に変化し見えなくなる．広い面積をごしごし消すのには向いていないので，はみ出したところを消したり，ポイントを白く抜いてハイライトを入れたり，今までの色鉛筆にはなかった使い方ができる．60 ℃ 以上に暖めると透明化する芯なので一度に全部消したい場合は，ドライヤーなどで暖めると，全部消すことができる．

シャープペンシルは，単体で芯の繰り出しができ，鉛筆のように芯の先端が丸くなって鉛筆削りを使う必要がない．一般的なシャープペンシルには後端に替芯補充口の蓋を兼ねた押す部分（ノックボタン）があり，これを押すことにより先端より芯が 1 mm 程度繰り出される．この蓋を取ると，消しゴムと芯を入れるパイプ（芯タンク）がある．消しゴムは芯タンクの栓の役目も兼ねている．軸の後端などにあるノブを回転操作して芯を繰り出す方式もある．

粘土芯は焼成芯の一種で，鉛筆の芯と同じ組成である．顔料の黒鉛に結合剤の粘土，水を混合してよく練り約 1 000 ℃ ほどで焼いた後，油に浸して作る．柔らかくて折れやすいため直径 1 mm 長さ 30 mm 程度のものまでしか実用化されず，現在ではより細くて折れにくいポリマー芯が主に使われている．ポリマー芯は焼成芯の一種で，結合剤として粘土の替わりに高分子有機化合物（ポリマー）を使用し，黒鉛とよく練り合わせて約 1 000 ℃ ほどで焼き，油に浸して作る．

まとめ 鉛筆の芯は黒鉛に粘土を混ぜて焼き固めたもので，文字を書くと紙のセルロース繊維の摩擦抵抗で黒鉛が削られ紙の繊維に絡まってくっつく．消しゴムで黒鉛のついた紙面をこすると，ゴムが剥がれ黒鉛の粉をくっつけて紙から絡めとって文字が消える．色鉛筆は，顔料とろうなどを固めた芯でつくる．

54話 ボールペンでなぜ字が書けるか？

ボールペンやサインペンで書いた字の場合には，インキが紙の表面だけでなく，紙の中にまで滲み通るために，消しゴムで表面をこすっても字は消えない．

ボールペンのペン先（チップ）の形状を**図51**に示す．ボールペンはペン先に金属またはセラミックスの小さな球がはめ込まれており，このボールが紙面で回転することでインクが滲み出る．ボールの裏側にある細い管に収められたインクが筆先表面に送られて線を描くことができる．この一連の機構がユニット化されたものがリフィルで，ペン軸の内部に収めて使用する．チップ内部には，ボールを受ける受座があり，ボールの丸みに合わせて滑らかな回転が得られる．快適な書き味を持続するために，ボールにかかる力を受座が正しく支えられる筆記角度60〜90°が理想である．あまり寝かせて書くと，ボール保持部のカシメ部が紙面に当たって磨耗してボールがとび出す原因になる．

現在では太さ，色，インクの特性，ペン先の出し方などにより多くの種類がある．ペン先の出し方によって，ペン先を覆うキャップを取り外して用いるキャップ式と，後部のボタンを押すことでペン先を繰り出して用いるノック式とがある．多色ボールペンやシャープペンの機能を併せ持ったものなど複数ノック式もある．ボールペンは，独特の構造により弱い力で滑らかな線を描けることが特徴である．万年筆では使用することが難しい顔料インクなど高性能なインクを使用できるので，保存性にも優れている．ペン先が硬く筆圧を加えやすいので，カーボン紙や感圧紙を用いた複写にも適している．ボールペンの欠点としては，紙に凹凸面があるとボールがうまく回転せず，筆記した線が湾曲してしまう点，長期間の放置に弱い点がある．ボールペンは重力を利用してインクを送り出すため，先端を上に向けた状態では筆記できない．

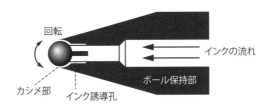

図51 ボールペンのペン先 [出典：ゼブラ（株）]

ボールペンのペン先は，精密加工機によってミクロン単位の加工精度で仕上げられている．特にボールとボール保持部のスキ間はごく微小で，その加工精度からムラのない描線と滑らかな書き味が生まれる．金属でできていて一見丈夫そうに見えるチップは，とてもデリケートである．ペン先で物を突いたり穴を開けたりする乱暴な使い方や，ペン先側から硬いところに落下させると変形し，ボールが回転せずインクが出なくなったり出過ぎたりする．ボール材質としては，ステンレス鋼，超硬合金，アルミナなどがある．ステンレス鋼は安価で耐磨耗性に劣るが，炭化タングステン製の超硬合金は寿命が長い．セラミックスのアルミナボールは磨耗が少なく，インクに対して化学変化を起こさず，表面に微細な凹凸がありインクのノリがよいのが特長である．

　ボールペン用インクには，油性，水性，ゲルがあるがそれらの性質を**表6**に示す．油性ボールペンが先に開発され，最も普及している．ボールペンの中でも使用頻度が高く，安価で手に入りやすい．インクの粘度が高いため，滲みが少なく裏写りがない利点がある．インクが固まりやすいため，長時間使用しないとインクが出にくくなる欠点がある．近年は，インクの固まりを抑えて長時間保管しても書き味が維持できる低粘度油性インクがある．油性インクの耐水性は一時的な濡れには強いが，長時間水に浸すと滲む．染料インクのボールペンは耐光性が低く色褪せしやすい欠点がある．

　後発の水性ボールペンも発色性がよく低筆圧で筆記できるが，価格がやや高く日本ではあまり普及していない．インクの粘度が低いため，さらさらとした感じの書き味が魅力で，色の発色性でも優れている．インクが乾燥しやすいため，使用後はキャップを確実に閉める必要があるし，染料インクが水に濡れると流れて字が消え

表6　ボールペン用油性インク，水性インク，ゲルインクの性質

油性インク	粘度が高く滲みが少ない インクが固まりやすい 一時的な濡れには強い
水性インク	発色性が高い 低筆圧で滑らかに書ける インクが乾燥しやすい 水に濡れると流れる
ゲルインク	低筆圧で滑らかに書ける 滲みが少ない

る弱点もある．

　近年，油性ボールペンと水性ボールペンのよさを併せ持ったゲルインクボールペンが開発された．ゲルは応力のない状態では流動性がないが，外力が加わるとゲル構造の分子間力が破壊され流動性が出るゾルの状態になる．ゲルインクは油性ボールペンのよさ（インクの出方が一定）と水性ボールペンのよさ（書き味が滑らか）を併せ持つ．ゲルインクはリフィル内部では高粘度のゲル状であるが，ボールが回転するとインクが低粘度のゾル状になり，インクがペン先から滲出する．滲出したインクが紙面に付着するとインクが直ちにゲル化するためインクの滲みが少なくなる．

　ボールペンは替え芯がおっくうである．そのためにノック式ボールペンがある．1回押すと芯が出て，もう一回押すと芯が引っ込む方式のボールペンである．このノックの仕組みはノックカムによって実現される．ノックカムは，カム本体，ノック棒，回転子という3つの部品よりなる．ペンの本体に替え芯を差し込むと，芯に寸詰まりの矢の先が刺さり，回転子と芯が一体化する．カム本体の中に，ノック側からノック棒が差し込まれ，ペン先側から芯の刺さった回転子が差し込まれて，本体の中で両者がかみ合うようになっている．そしてノック棒をノックすると，回転子と一体となった替え芯が前方へ押し出される．

　㊕㊟㊎　ボールペンはペン先に金属またはセラミックスの小さな球があり，このボールが紙面で回転することでインクが滲み出て線を書くことができる．油性ボールペンはインクの粘度が高く滲みが少ないがインクが固まりやすい．水性ボールペンは発色性がよく低筆圧で筆記できるが，水に濡れるとインクが流れやすい弱点もある．

55話　液晶カラーテレビの仕組みは？

　液晶テレビは，色を表示するために光の3原色である赤 (R)，緑 (G)，青 (B) のカラーフィルターを用いる．バックライトから発せられた光が，**図52** のように，偏光フィルターと液晶パネルを通って適度に調光され，その通過光がRGBの各フィルターを通すことで色を作る仕組みである．液晶パネル自体は，背後から照射されるライトを細かく遮断して，光の明るさをコントロールしているだけである．

　液晶は結晶と液体の性質を持った物質で，分子の配列は液体ほど無秩序ではないが結晶よりは乱れている．液晶分子はエステル系やビフェニル系などの有機化合物で，長さ数 nm の細長い棒状である．液晶分子はゆるやかな規則性で並んでいるが，溝を彫った配向膜を接触させると，溝の向きに沿って並ぶ．溝の向きを90°変えた2枚の配向膜で液晶を挟むと，**図53** (a) のように液晶分子は層内で90°ねじれて配列し，光を通すと光も液晶分子の隙間を通って進むのでねじれる．電圧をかけると**図53** (b) のように分子は垂直方向に並ぶので，光は分子の並びに沿って直進する．

　光は波長 380 〜 780 nm を持った電磁波で，垂直方向と水平方向に波を形成しながら走る．この2方向の光を分離することを偏光といい，そのための道具を偏光板という．垂直方向の光しか通さない偏光板に光を当てると，垂直方向以外の光はすべてカットされる．逆に水平方向の偏光板の場合は水平方向の光だけが通過する．

　液晶ディスプレイ (LCD) は，垂直方向の偏光板と水平方向の偏光板を組み合わせて配置し，電圧を調整して光の通過量を加減する．白く表示する場合は電圧を加えない．電圧を加えなければ，膜間にある液晶分子は**図53** (a) のようにねじれて配列するので光もねじれて偏光板を通過でき，画面が白く見える．黒く表示する場合は電圧をかけると，液晶が真っ直ぐに並び光も液晶に沿って直進するので，垂直方向の光は通過するが，水平方向の偏光板を通過できないので，画面が黒く見える．

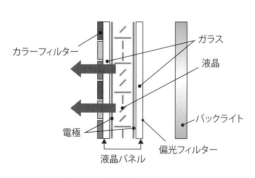

図52　液晶テレビの仕組み
[出典：価格.com ホームページ]

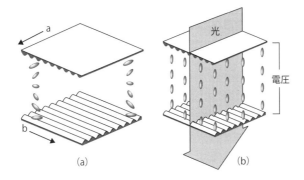

図 53 90°の角度の配向膜で挟んだ表示用液晶の配向と光の進行
(a) 電圧をかけない場合　(b) 電圧をかけた場合
[出典：シャープ(株) ホームページ]

　液晶ディスプレイは電圧の掛け具合で光の透過量を調整する．これを1画素として画面上にはこのような画素が何十万〜何百万も敷き詰められている．色は光の3原色のR（赤），G（緑），B（青）のフィルターで表現する．電圧の調整による光の透過量の調整をRGBごとで行い，それを遠くから見るとそのRGBが混ざるのでいろんな色を表現する．例えば緑のフィルターの後ろの液晶に電圧を掛けて緑が発光しないようにすると青と赤の光しか見えない．これを離れて見ると青と赤が混ざって紫に見える．黒の表現ではRGBすべてに電圧を掛けることですべての光を遮断する．ただし，偏光フィルターは光を100％遮断できないので若干光の漏れがある．これが液晶が黒の表現が苦手な理由である．

　近年LCD用バックライトには発光ダイオードが使われている．LEDバックライトではエリア駆動という技術があり，黒の表現を改善するために，暗い部分のバックライトの明るさを抑えている．LEDバックライトのメリットは高速応答性で，瞬時にオン／オフし残像感がない．白色LEDは白の色純度の高さと省電力の特長がある．

　まとめ　液晶テレビは光を照射し，偏光フィルター，液晶パネル，RGBのカラーフィルターの組み合わせで色を作り出す．バックライトからの光が，偏光フィルターと液晶パネルを通るときに，電圧をかけて光を適度に遮断して1画素を作る．画素が百万もあり，光がカラーフィルターを通過する量の調整をRGBごとで行うのでRGBが混ざり合っていろんな色を表現できる．

56話　デジタルカメラの仕組みは？

　デジタルカメラは画像をデジタルデータとして，保存するカメラである．フィルムカメラとデジタルカメラでは，基本的な構造はよく似ているが，レンズを通過した画像をフィルムに記録するか，デジタルデータとして記録するかの違いである．デジタルカメラはデータの加工や応用が大きく広がる．

　デジタルカメラは，CCD（電荷結合素子）などの撮像素子が受光して発生する電荷を用いる．CCDの表面には，画素数の受光素子が規則正しく高密度に配列している．CCDの原理は，光を電荷に変換し蓄積する，電荷を転送する，発生した電荷をA/Dコンバータで電気信号に変換する要素よりなる．受光素子の各1個が画像の1つの部分の電気信号となり，この画素単位の情報を画像処理して1枚の写真の画像情報となる．CCDは格子状の一定パターンで画像を記録するため，解像力はCCDの画素数で決まる．200万画素などと表し数字が大きいほど解像力がよくなるが，性能は画素数だけでは決まらない．1つの画素のサイズが大きいほど取り込める光の量が増え，同じ解像度でもCCDサイズの大きいほうがきれいな画像が得られる．

　撮像素子には，CCD以外にCMOSと呼ばれるものがあり，サイズの大きいデジタルカメラでは主流になりつつある．CMOSは金属酸化膜半導体で通常のLSIと同じ製造プロセスで作られる．CCDでは受光によって発生した電荷を増幅器に運んで増幅するが，CMOSでは各画素で電荷を蓄積した後，画素ごとに増幅し信号として取り出す．CMOSでは回路とイメージセンサーを同じチップに組み込むことができる．CCDでは電荷が飽和量を超えてしまった場合は，転送時にほかの画素の電荷に影響することがあるが，CMOSでは各画素で信号に変えているのでその心配はない．また，小さな電力で駆動できるのも特長の一つである．ただ，CMOSはノイズを受けやすいこと，1画素でいろんな処理をするため受光面積が小さくなるという問題点がある．

　CCDやCMOSでは光の強さしか判断できない．そこでカラー写真を撮るときは，撮像素子に光を通すときにカラーフィルターを通して色を判別する．カラーフィルターには赤，緑，青（RGB）の原色フィルターなどを用いる．モニター画像はRGBの光の3原色による加法混色で，印刷はC（シアン），M（マゼンタ），Y（イエロー），K（黒）のCMYKでなされている．このうちモニター画像は，さまざまな色にカラー

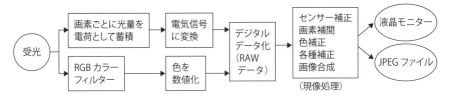

図54 デジタルカメラの仕組み

表現される．発色する光を黒地に追加して表現するので，RGBの数値それぞれが0のときは黒になる．RGBそれぞれの数値を256段階で表すとすれば，最高の255は白になる．デジタル画像はRGBの発色の数値がいくつかによって色が決定される．色フィルターの配列パターンは，ベイヤー配列と呼ばれるRGGBとG（緑）を増やしたパターンが一般的である．これは人間の眼が緑色に反応する感度が高いからである．受光素子の一つひとつをR, G, G, B・・・と割り当て1枚の画像を記録するので，解像度は本来のCCDの画素数の1/4に落ちてしまう．そこで画像処理エンジンがRGBの合成と補間処理を行い，本来の画素数分の写真に仕上げている．

　デジタルカメラではシャッターを押してから撮影が完了するまでにタイムラグを感じることがある．速く動く被写体を狙ってシャッターを押したのに，通り過ぎた後の風景が映ったりする．フィルム式のカメラに比べて，なぜ撮影に時間がかかるのだろうか．1つ目の理由は，画像を記録するまでにいろいろな画像処理をする必要があるからである．撮像素子で光信号を電気信号に変えたり，電気信号をデータ化して画像ファイルにしたり，色画像の補間処理などをする必要がある．デジタルカメラに内蔵された小型CPUで処理するための時間は必要である．2つ目の理由は，SDカードなどのメモリーカードへの書き込みに時間がかかるからである．CPUのメモリーに保存すれば時間は短縮できるが，そうするとメモリーが足りなくなる．3つ目の理由は，液晶モニターとオートフォーカスによる時間の遅れである．デジタルカメラでは像を本体背面の液晶モニターに表示しているが，この表示のための処理時間がかかる．また撮影時にはオートフォーカス機能を働かせてピント位置を検知しているが，この処理にまた時間がかかる．これらの3つの要因からなるタイムラグを減らすために，CPUのメモリー容量を増やしたり，一時的にデータを貯めておくバッファーメモリーを増やしたりすることもなされている．

　合成や補間を行わないフォトダイオードで取り出したデータをそのまま保存した

ものが RAW 形式である．RAW のデータはフィルム式カメラに例えると，現像前のネガフィルムに相当する．RAW データは，ただの数値が羅列したデジタルデータなので，画像処理を行うことで初めて可視画像データになる．RAW データは，センサー補正処理，画素補間，色補正などのデジタルカメラに特有の加工処理が行われ，さらに RGB 信号処理などの処理を経て，JPEG や TIFF 形式で保存される．デジタルカメラでは現像の必要がないといわれるが，それはデジタルカメラ内部で現像に当たる処理をしているからである．人によっては RAW 形式のデータを自分で加工して可視画像データを得ている場合もあるようである．

　一般にデジタルカメラといえば静止画を撮影するデジタルスチルカメラを指し，動画を撮影録画するデジタルカムコーダは含めない．しかし，現在では静止画撮影が可能なデジタルカムコーダや，動画撮影が可能なデジタルスチルカメラが一般的になっており，双方の性能の向上もあってその境界線が徐々になくなりつつある．

　コンパクトデジタルカメラの多くが動画の撮影機能を備えており，一眼タイプにおいても一般的になりつつある．連続撮影時間は，記録解像度と記録方式，記録メディアとバッテリーの容量，製品用途の位置づけなどにより 10 分から 1 時間程度に制限される．デジタルカメラの撮像素子の画素数は一般的な動画を撮影するデジタルカムコーダのそれよりも多いため，動画の撮影時には画素情報を間引いて情報量を少なくする．

（まとめ）　デジタルカメラは画像をデジタルデータとして保存するカメラである．CCD などの撮像素子が 1 つの画素ごとに受光して発生する電荷を増幅して電気信号に変え，画素単位の情報を数百万画素について画像処理して 1 枚の写真とする．カラー化には，RGB のカラーフィルターを用いて色を数値化する．CCD の性能は，画素数が多いほど画素のサイズが大きいほどよく，きれいな画像が得られる．

57話 光で色が変わる調光ガラスとは？

　光で色の濃さが変わるガラスを調光ガラスという．暗いところでは透明で，明るいところでは色がつくメガネを調光サングラスという．夏の海岸や冬の雪山ではサングラスをかけ紫外線から目を保護するが，室内に入るとサングラスが邪魔になる．しかし，調光サングラスをかけていれば気にならない．調光レンズの色の濃さが変わるのは紫外線の働きによるものである．調光レンズのように光の作用によって物質の色が可逆的に変化する現象をフォトクロミズムという．各種調光ガラスの仕組みを表7に示す．

　調光レンズの素材となるガラスを製造するときに，ガラスに酸化銀と塩化ナトリウムを加えて熔融する．これを再加熱すると酸化銀と塩化ナトリウムが反応し，ガラス内に均一に塩化銀ができる．塩化銀は無色透明のため，レンズに色はつかない．ところが，レンズに紫外線が当たると，塩化銀中に電子が発生して銀イオンが銀の原子に変わる．銀の粒子が集まるとその部分は可視光線を通さないのでレンズ全体が黒っぽくなる．レンズの一部を覆って光を当ててみると，光を当てた部分だけが黒くなる．紫外線を遮断すると，銀と遊離していた塩素がガラス内で再び結合して塩化銀となり，レンズは無色透明に戻る．調光レンズに紫外線が当たって着色する

表7　調光ガラスの仕組み

	作成方法	遮光状態	透明状態
調光サングラス	ガラスに酸化銀と塩化ナトリウムを加えて熔融（塩化銀を生成）	紫外線により塩化銀中に銀が生成（黒くなる）	光が遮断すると銀が塩化銀に戻って透明になる
エレクトロクロミックガラス	透明導電膜と電解質との間にWO_3の膜を挟む	負の電圧を加えるとプロトン（H^+）と電子が供給されてタングステンブロンズ（H_xWO_3）の濃青色に	正の電圧を加えると元のWO_3の透明になる
ガスクロミックガラス	ガラスとガラスの隙間に水素と酸素を送ることのできるミラー薄膜を設ける	酸素を送ると脱水素化により鏡状態（光を反射）となる	水素を送ると水素化により透明状態となる

までには数分以上要する．また，元の無色透明になるまでに数分から数十分ほどかかる．温度が高いと塩化銀の分解と銀と塩素の結合の反応速度が速くなる．

　フォトクロミズム材料は無機化合物や有機化合物もある．フッ化カルシウムやフッ化ナトリウム，チタン酸カルシウムなどの結晶に鉄イオンを少量入れたものは鮮やかな色のフォトクロミズムを示す．これらの材料に光を当てると，結晶中の特定の場所に電子が生じ，光を吸収するので結晶によって赤や青など種々の色に見える．この結晶中の特定の場所は色中心と呼ばれる．色がついた後で別の光を当てたり加熱したりすると色が消えるので，繰り返し使える．

　窓ガラスは採光を目的としているが，太陽光は可視光線だけでなく，紫外線や赤外線（熱）も含む．調光ガラスは光や熱の出入りを調節するガラスである．夏の暑い時期に太陽光をそのまま取り入れると冷房効率が悪くなるので，調光ガラスが用いられる．調光ガラスは薄膜材料をガラスにコーティングしてつくる．

　エレクトロクロミックガラスは電圧を加えることでガラスの光透過率を制御する．透明導電膜と電解質の間に酸化タングステン（WO_3）の調光相薄膜を挟む．WO_3膜は透明だが，負の電圧を加えるとプロトン（H^+）と電子が注入されタングステンブロンズ（H_xWO_3）の濃い青色になる．正の電圧を加えると元の透明な状態になる．電圧を調節することによってタングステンブロンズの生成割合が調節できるので，光透過率を制御することができ，照明や冷暖房の負荷が自動的に制御される．エレクトロクロミックの調光ガラスはボーイング787の窓に使われている．ガラスの透明度を任意に変えることのできる調光ガラスは飛行機や新幹線の窓にも使われている．多くの調光ガラスはガラスの間に液晶シートを挟むことで透明度を調節している．

　最近開発されたガスクロミック調光ガラスはガラスとガラスの間に空間を作り，そこに水素ガスを送ると，調光ミラー薄膜は水素化により，鏡状態から透明状態に変わり，また，酸素を導入すると脱水素化により透明状態から鏡状態に戻る．水素と酸素の供給は空気中の水蒸気を電気分解の手法を使って行う．ガラスとガラスの間が0.1 mm程度の空間でも十分スイッチングが行えるだけの水蒸気の必要量が確保できる．水素化によって被膜は鏡面となるため可視光線や近赤外線を反射し，通常の透明ガラスに比べて冷房効率が30％以上よくなる．液晶方式，エレクトロクロミック方式は製造コストが大きいため，大きなガラスにはガスクロミック方式が有望とされている．

　これ以外の調光ガラスには，周囲の温度によって赤外線領域の透過率が自動的に

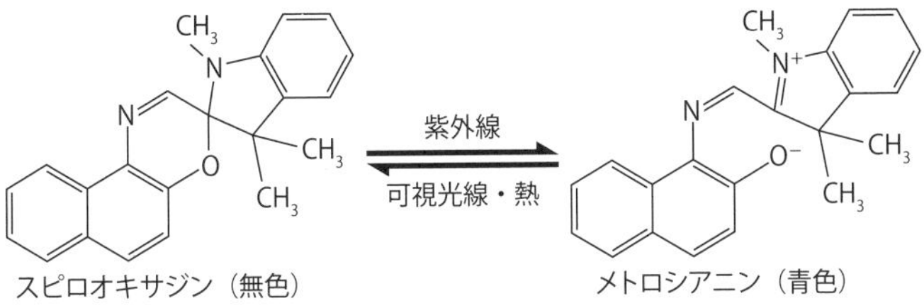

図55 スピロオキサジンの感光反応

変化するサーモクロミックガラス，温度によって高分子ゲルの状態が透明になったり白濁したりするサーモトロピックガラスがある．

　プラスチック製調光レンズには，紫外線を当てると色が変化する感光物質が使われている．例えば，スピロオキサジンという感光物質は無色であるが，紫外線を当てると**図55**に示すように，メトシアニンと呼ばれる構造に変化し，青色となる．紫外線を遮断すると，無色のスピロオキサジンに戻る．プラスチック製調光レンズの光化学反応は感光物質の構造変化によるもので，その反応速度は迅速である．紫外線を数十秒ほど当てると着色し，紫外線を遮断すると数分で褪色する．また，この光化学反応は温度の影響を受ける．温度が低いほど速く着色し，褪色に要する時間が長くなる．

まとめ　光で色の濃さが変わるガラスを調光ガラスという．調光サングラスは暗いところでは透明で明るいところでは紫外線で黒くなる．これは塩化銀が入ったガラスで，光がないと無色透明だが紫外線が当たると電子が発生して銀イオンが銀の原子に変わりその部分は可視光線を通さないので黒っぽくなる．調光ガラスを用いることでガラスの遮光状態と透明状態を制御する．

コラム

ガスコンロにみそ汁をこぼしたときの発色

　ガスコンロにみそ汁をこぼしたときに，ガスの炎が黄色く見えることがある．高温の炎中にみそ汁がこぼれると，みそ汁中の食塩の成分が熱エネルギーによってナトリウムと塩素に解離し原子状態になる．ナトリウム原子は熱エネルギーによって最外殻の3S電子が励起され，外側の電子軌道(3P軌道)に移動する．励起した電子はエネルギーを光として放出することで基底状態に戻る．このとき，励起状態と基底状態との差のエネルギーを光として放出するが，励起状態も基底状態もナトリウムに固有なエネルギー状態であるので，その差にあたる589nmの光エネルギーもナトリウムに固有のものである．波長589nmの光は黄色なので炎が黄色に見える．このように，微粉末や塩化物を炎の中に入れると可視領域の光を放出する現象を炎色反応という．炎色反応では，色を観察することによって，含まれている金属の種類を推定することができる．

　炎色反応はアルカリ金属やアルカリ土類金属においてよく見られる．リチウムは深紅色，カリウムは淡紫色，カルシウムは橙赤色，ストロンチウムは深赤色，バリウムは黄緑色である．花火の色は火薬の中にある成分が高温の炎にさらされるとこれらの色を出すことを利用している．元素の種類によって発光波長が違うため，花火にはいろいろな種類の金属化合物が用いられる．

第11章

動物と色と光

動物は色によって食物としての獲物,捕食者,交尾の相手を認識する.色の認識は動物の生存に直結している.この章では,動物の色の認識の仕方,魚の色の変化の仕方,ホタル,ウミホタル,ホタルイカの光る方法,生きる宝石といわれるモルフォチョウの鮮やかな青色,カメレオンの色変化について述べる.

58話 動物は色をどのように認識しているか？

　色覚は波長の異なる光を色の違いとして感じる視神経と脳の感覚のことである．それぞれの色は，それぞれの視物質の生化学反応によって生じるため視物質の種類が多いほど色覚が優れている．動物が色を識別するかどうかは，眼の構造や組織の問題ではない．眼から入った視覚情報を処理する視神経と脳の働きにかかっている．
　爬虫類から進化した哺乳類の祖先は，初めは赤・緑・青に加えて紫外線に反応するオプシンを備えた4色型色覚を持っていた．中生代に恐竜の餌食から逃れるために夜行性になり，暗いところでも物が見える桿体細胞の機能が進化した代わりに，紫外線光の感知能力が退化し，色覚も緑と赤を区別しにくい2色型色覚となった．その後，森林に住んで昼間に活動することが多くなった霊長類は色覚を進化させ，3色型色覚（赤・緑・青）を取り戻す．その結果，緑色を中心にした380〜780 nmの波長範囲を感じとれるように進化した．
　イヌ，ネコ，ウシ，ウマなどの多くの哺乳類は緑と青の2色型色覚とされている．この色の組み合わせの中で緑と黄緑，黄色，オレンジ，赤の色合いを区別できない．近くの小さなものを詳細に見るには，人間に必要な距離の10分の1くらいに近寄らないと見えないという．人の視力で表すと0.2〜0.3程度である．対象を立体的に認識する両眼視野に関しては，人間の120°に対してイヌは80°程度しかない．これは，目の前を逃げようとする獲物だけは見逃さないように視覚が特化した結果といえる．そのかわり右目と左目の視野を合計して構成される全体視野は人間よりも広く，広範囲を一度に視認することができる．一方，ネコやイヌは弱い光でも反射するタペタム（輝膜）という反射板が眼底にあり効率よく視神経を興奮させて，わずかな光でも見ることができる．暗いところでネコの眼が光るのはこのためである．
　ニホンザル，チンパンジー，ゴリラなど大型の類人猿は，人間とほとんど同じ3色型の色覚がある．色に関しては，種族によって見え方に違いがあり，オスに色弱や色盲が多くみられるようである．
　魚類や両生類・爬虫類・鳥類は，赤・緑・青，さらに紫外線に反応するオプシンを備えた4色型である．意外にも動物の多くはこの4原色型が基本であり，哺乳類よりも幅広い色彩分別能力を持っている．海水が赤の光を吸収するため，海の中には青い光が満ちている．魚類はこの青色の世界で，物体の詳細を認識できるよう

に進化してきた．マダイやヘダイは青色側の光を 368 nm まで，コイやヒラメ，ホウボウ，ブルーギル，コバンザメでは 337 nm と人間には見えない紫外線領域まで見ることができる．この，紫外線に対する感度は魚種によって差があり，コノシロやコショウダイ，クロダイは紫外線域まで見る能力はないとされている．水中には，浅くて光の豊富な場所もあれば，暗くて色彩の乏しい場所もある．泥濁りで一寸先が見えない場所もあれば，季節によって動・植物プランクトンが増減し，透明度が大きく変化する場所もある．魚類はこのような，さまざまな環境に適応してきた結果，多様な視物質を手に入れたと考えられる．

多くの魚の眼は両側に跨って開いている．それに対して陸上で獲物を仕留める肉食動物は眼が前についている．これは獲物との距離感をつかめるように進化した結果である．魚の眼は距離感がつかみにくいが，体の後方まで幅広く見渡せるのが大きなメリットである．食うか食われるかの水中において，左右への移動や後進しにくい魚にとって後方の情報は重要である．

ヘビの視力についてはよく分かっていないが，エサを獲るときなどの敏速な行動から近くはよく見えているが，目の位置から判断して前方 60°程度しか見えていないと考えられる．また色を見分けることはできないと考えられている．ガラガラヘビ，ニシキヘビなどには，目と鼻の間にピット器官と呼ばれる器官があり，この器官が周囲の微弱な赤外線，つまり熱を感知することができる．ニシダイヤガラガラヘビは，目を覆われていても獲物を狙って追跡し，捕食することができる．赤外線がくぼみ状のピット器官内に入ると，ピット器官の中にある非常に薄い皮膜の温

表 8 動物の色に対する対応

	色覚の型	特徴
霊長類	赤，緑，青の 3 色型 （哺乳類の祖先は 4 色型）	立体的な両眼視野が広い
イヌ，ネコ，ウマ，ウシなどの哺乳類	緑と青の 2 色型 （緑と赤を区別しにくい）	視力が 0.2〜0.3 程度 イヌ，ネコは眼底に輝膜がある
魚類，両生類，爬虫類，鳥類	赤，緑，青，紫の 4 色型	一部の紫外線も見えるものがある
昆虫類	紫外・青・緑の 3 視細胞 紫外・紫・青・緑・赤・広帯域の 6 種類の視細胞	視力は 0.03 以下だが動体視力が良い 紫外線反射を利用した視力がある

度が上がり，熱の変化が神経系に信号を発信し，ある特定の受容体を活性化させる．この熱感知に関与する神経経路は，視覚よりも触覚に近いものである．

　鳥類は明るいところでの視覚が人間より格段に優れているといわれている．視力も鳥類のほうが格段に優れている．鳥の中でも，ハトは20色を識別でき，あらゆる動物の中で識別能力に優れているそうである．鳥類の場合，赤，緑，青のほかに人間には見えない紫外線を感知する器官も持っていて，人間とは別の世界を見ているといわれている．

　ほとんどの昆虫は複眼を持ち，30 000 ものレンズがついている．これにより識別に優れ，人に見えない紫外線も見ることができる．しかし赤外線に近い色は識別はできない．夜，紫外線を発する電燈へ昆虫などが集まるのはこのためである．

まとめ　哺乳類の祖先は赤・緑・青に加えて紫外線に反応するオプシンを持つ4色型色覚を持っていたが，恐竜から逃れるために夜行性になり，緑と赤を区別しにくい2色型色覚となった．その後，森林に住むようになった霊長類は3色型色覚（赤・緑・青）を取り戻した．魚類，両生類，爬虫類は紫外を含む4色型の視細胞を持つ．

59話　魚の色は何によるか？

　海洋に生息する動物は，陸上動物と比較して鮮やかな色を持つものが多い．これらの色調を決定する色素は生体内で主として色素細胞内にある．その役割として，体表の色は保護色の形成や強い太陽光線からの防御，内蔵にある色はほかの生体物質の前駆体あるいは補酵素としての働きが考えられる．魚介類の色素として，メラニン，ヘム色素，カロテノイド，胆汁色素などがある．

　メラニンは頭足類の「すみ」，魚類の体表などにあり，黒〜茶色を呈する高分子色素で，ヒトの頭髪に含まれるものと類似した組成を持つ．生体内ではメラニン・タンパク質として黒色素胞内にある．メラニンは強アルカリなどの溶媒以外には不溶で，非常に安定である．銅を含むチロシナーゼという酵素の働きでチロシンが酸化されて，ドーパ，ドーパキノンを経由して自然重合して生合成される．メラニンの生理的機能として，可視光や紫外線の吸収作用が考えられているが，不明な点も多くある．

　ヘム色素は 2 価あるいは 3 価の鉄がポルフィン環に配位したヘムと呼ばれる部分を色素の発色団とし，タンパク質と結合したものである．筋肉色素タンパク質であるミオグロビン，呼吸色素タンパク質のシトクロムなどがある．これらの色素タンパク質の多くは 460〜600 nm に 4 つの吸収極大を持ち，酸化あるいは還元型に相互移行することによりそれらの極大波長や吸収スペクトルの形状が変化する．また pH によってヘムに配位するアミノ酸残基が変化することによってその全体構造が変化するものもある．

　カロテノイドは，魚介類に広く分布する脂溶性色素で，カロテン，キサントフィル，アントシアニンに大別される．動物はカロテノイドを体内で合成することができないので，植物が合成したものを食物連鎖を通してあるいは微生物で合成されたものを体内に取り入れ蓄積したものである．カロテノイドの動物体内における生理的機能として，メラニンなどの保護色形成の際のフィルター，ビタミン A の前駆体，活性酸素やフリーラジカルの消去や捕捉活性，腫瘍細胞増殖阻害などの働きが知られている．

　胆汁色素はポルフィン類を持つ化合物より代謝によって生じる開環型テトラピロール誘導体で，魚介類ではピリベルジンが代表的なものである．ピリベルジンは青緑色を呈する脂溶性の色素でタンパク質と結合した形で存在する．胆汁のみなら

ず，サンマの体表，ウナギの血清にもあり，メバチの骨の青色の原因にもなっている．胆汁色素の生理的機能は不明であるが，一部活性酸素の消去や捕捉活性が認められている．

魚介類は色素胞と呼ばれる色素細胞や色素物質を持つ．色素を含まないが，光をよく反射する結晶を含み，反射された光で色を発現する細胞も色素胞と呼ばれている．黒い色素メラニンを生産・含有する色素は黒色素胞，カロテノイドやプテリジンを含み赤や黄色を呈色する細胞は赤色素胞・黄色素胞と呼ばれ，通常は真皮にある．これらの色素胞に含まれる色素は光を吸収するので，光吸収性色素胞と呼ばれる．

メダカ目の魚類や海産魚メバルの真皮に存在する白色素胞は，色素物質を含まないが，広い波長域の光を散乱する細胞小器官を含み，枝状突起を持つ細胞で，光を反射することで白く見える．

虹色素胞は通常は楕円状あるいは多角体状の光反射性色素胞である．色素を含まないが，その細胞内には主としてグアニンからなる板状結晶の重なりがある．タチウオ，サンマ，カツオなどは，屈折率の高いプリン結晶体の重層で生じる反射光の薄膜干渉現象によって，体側・腹部が銀白色になる．ルリスズメダイのコバルトブルー，ネオンテトラなどは蛍光色のような鮮やかな縦縞の青緑色の色合いが生じる．ルリスズメダイの場合，反射小板の厚みは 5 nm と薄く，細胞質の厚みは 100 nm 以上になる．色素がないのに非常に鮮やかな色彩が発現し，構造色，物理色などと呼ばれる．

赤身魚の赤は鉄がポルフィン環に配位したヘム色素が原因であるが，真ん中の金属が鉄ではなく銅の場合はヘモシアニンという名前になる．エビやイカの血液に含まれるのはヘモシアニンである．中の金属が違うので，色も変わり，青になる．ただ，エビやイカの血液の青い色は薄いので目立ちにくい．中心の金属がバナジウムになるとホヤの血液になる．

㊊と㊐ 魚介類の色素として，メラニン，ヘム色素，カロテノイド，胆汁色素などがある．メラニンは魚類の体表などの黒や茶色を示す高分子色素で，ヘム色素はミオグロビン，呼吸色素のシトクロムなどである．カロテノイドやプテリジンを含み赤や黄色の細胞は赤色素胞・黄色素胞と呼ばれる．虹色素胞は色素を含まないが薄膜干渉現象で色彩が出る．

60話　魚の色はどのように変化するか？

　スズメダイ科，テトラ類，ニザダイ科のナンヨウハギなどの虹色素胞は運動性を持ち，体色変化において重要な役割を演じている．虹色素胞内では，細胞の皮膚表面側の領域から反射小板堆が放射状に配列し，この堆を構成する小板の間隔が並行的に一斉に変化する．間隔の増大・減少によってスペクトルのピークがそれぞれ長波長・短波長側に移動し，色が変化する．この変化はわずか1～2分で起こる．

　デバスズメダイの皮膚にも類似の虹色素胞があるが，黒色素胞の細胞体の上にある虹色素胞だけが運動性を持ち，周辺の虹色素胞はいつも黄色で変化しない．運動性虹色素胞が青色を反射しているときは，周辺の黄色を反射する虹色素胞との共存で点描効果を生じ，皮膚は緑色に見える．ネオンテトラ体側中央の縦縞部に並んだ虹色素胞内には2列の光反射小板堆があり，小板の間隔は増大・減少する．反射小板の傾きが一斉に変化して間隔も変化し，反射光は紫から朱色まで連続的に変る．この傾斜角度の変化にはチューブリンとダイニンの相互作用のほか，アクチンが関与しているようである．

　ドンコなどのハゼ科魚類では，白色素胞と似たタイプの虹色素胞があり，枝状部をもち，小型の光反射小板が凝集・拡散する．反射小板が細胞内に広く分布しているときは，小板は比較的ランダムな配向を示し，反射光も白色から黄味がかった色に見える．小板が細胞中央部に凝集するにつれて小板集団が青く見える．これは，凝集により次第に明瞭な小板堆が形成されていき，薄膜干渉現象による反射スペクトルが成長し，小板間隔の減少に伴って短波長側へ移動，青味がかった干渉色が現れる．これらの虹色素胞内における反射小板の凝集・拡散は1～2時間かけて進行するので，1～2分の内に物理色が変わる虹色素胞とは運動メカニズムが違うと考えられる．

　魚類の色の変化による生き残り作戦を**表9**に示す．魚類には真皮色素胞には運動性のあるものが多くある．この運動性は神経系や内分泌系にコントロールされているが，直接の刺激は眼を介して受容される外界の光である．光が当たるところでは，動物の眼の網膜にある視細胞が，上方から差し込む入射光を腹側の網膜で直接受容する．背地からの反射光は背側の網膜視細胞で受容されるが，背地の色が白ければ，かなりの光量が反射されるし，黒ければほとんど反射されない．腹側・背側の網膜にある視細胞から感覚神経を通して中枢に送られた情報に基づき，入射光と

表9　魚類の色の変化による生き残り作戦

魚の種類	環境	色変化の方法
多くの魚類	海底（砂）	腹側と背側で光量が違うのを側眼の網膜で感知して入射と反射の光量比を判断し，自分がいる背地の明暗を認識する．その情報が内分泌系の活動を誘起し，皮膚の色素胞の運動によって体の各部の色が変化し，背地の色によく似た色や模様になる．
ペンシルフィッシュ	夜と昼（川底）	体側の縦縞は，昼間は凝集しているが，夜になるとメラトニンで拡散して大きなスポットになり，川底の小石に似た模様になって見分けにくい．
ネオンテトラ	夜と昼（光の量）	赤い腹部に存在する赤色素胞は夜になると色素顆粒の凝集によって暗所では濃い紫色に変わり夜間は目立たない．

　反射光の光量比が判断され，自分がいる背地の明暗を認識する．このように側眼で受容された視覚情報は中枢で統合され，末梢神経系や内分泌系の活動を誘起し，皮膚にある色素胞の運動性によって体の各部分の色が変化する．結果的には背地の色によく似た色や模様になって自身を見えにくくしている．体色変化が動物の生き残りのための戦略となっていると考えられる．

　魚類の頭頂部，ちょうど左右の側眼の真中あたりに色素胞の欠如した部位があり，その部分の皮膚の下に松果体という内分泌器官がある．松果体の感覚細胞は網膜の視細胞に類似の構造で，外界の光の直接影響下にある．ここで合成されるホルモンがメラトニンで，合成・分泌は夜に行われるので，昼夜のリズムに関与している可能性がある．魚種によって，あるいは同一体でも部位によってメラトニンの色素胞に対する効果に違いがあり，このホルモンと模様形成との関連が指摘されている．ペンシルフィッシュの体側の縦縞は，夜になると独特のスポット模様に変わる．夜間にスポットとして残っている黒色素胞は，メラトニンに反応しないタイプである．夜間に生じるスポットの直径が昼間の縦縞の幅に比べて一段と大きくなる．夜間のスポット模様に関与している黒色素胞の中には，昼間は凝集しているのに，夜になるとメラトニンで拡散し，大きなスポットになったと考えられる．夜間のスポットは，川底の小石に似た模様になって，夜行性の捕食者に対するカムフラージュの効果が推定される．

　ネオンテトラやカージナルテトラの赤い腹部に存在する赤色素胞もメラトニンによく反応し，夜になると色素顆粒の凝集によって，赤い色は目立たなくなる．縦縞

部の虹色素胞はメラトニンの受容体を持たないが，外界の光に直接反応するタイプなので，暗所では濃い紫色に変わる．夜間は目立たない色なので夜行性捕食者の目を逃れている．このように，魚類は生きるために色や模様を巧妙に変化させ，神経伝達物質やホルモンの受容体をうまく組み合わせて，複雑な色の制御をしている．

　太陽の可視波長は海面下 10 m 程度までしか届かないため，海中では色のスペクトルが不足し，魚は赤色をほとんど認識できないというのが定説であった．しかし，ドイツの学者たちは緑と青の光線を遮断して赤の光線だけを通すゴーグルを着けて海中にもぐったところ，魚，藻，サンゴ，微小生物が赤系統の色に輝いていたことを発見した．そして，岩礁に生息するハゼやベラなど少なくとも 32 種の魚類が，太陽光による反射ではなく，自ら赤い電飾のように光ることを確認した．発光源は，塗料の光沢として使用されるグアニン結晶で，蛍光色の赤色を発光し，深海でも多くの魚が赤色を認識できていると考えられる．赤色を発光することで，交尾の相手を探したり，危険を知らせたりしていると考えられる．サンゴ礁では，赤色を出すことがカモフラージュ効果を生む．

> **まとめ**　魚類の運動性虹色素胞では，細胞の皮膚表面側から反射小板堆が放射状に配列し小板の間隔が並行的に一斉に増大・減少して色が変化する．魚，サンゴなどが太陽光による反射ではなく，自ら赤く光ることが確認された．発光源はグアニン結晶で，赤色を発光することで，交尾の相手を探したり危険を知らせたりしていると考えられる．

61話 ホタルはどのように光るか？

夏になるときれいな小川の近くでホタルはお尻を発光させている．発光するホタルはゲンジボタルとヘイケボタルなどである．ゲンジボタルのほうが体長が長く，光も強い．夜に光りながら飛んでいるゲンジホタルはほとんどがオスである．メスは草や木の葉にじっととまって，小さな光を出している．卵から幼虫，さなぎ，成虫になるまで一生を通して光る．幼虫や蛹のときは警戒行動として光るといわれているが，成虫が光るのはプロポーズのための光，刺激されたときの光，敵を驚かせるための光の3種類ある．現在，世界中でホタルの仲間は約2000種で，日本で確認されているのは40～50種である．

ホタルには，お尻に近い部分に黄色く見える発光器がある．ホタルの発光機構を図56に示す．発光器の中でルシフェリンという発光物質とルシフェラーゼという酵素，さらに生物共通のエネルギー源であるATPが結びつくことでアデニル化合物とピロリン酸になる．アデニル化合物は酸素と反応して過酸化され，ルシフェリン－AMPという中間体を生成する．このルシフェリン－AMPが空気中の酸素と反応すると，発光体であるオキシルシフェリンが生成され，赤色または黄緑色に光

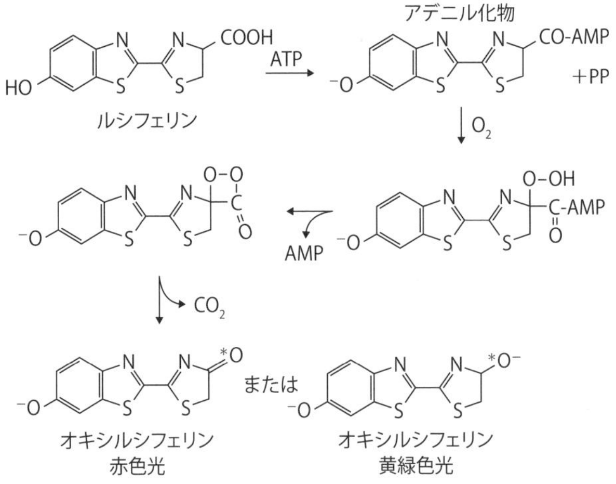

図56 ホタルの発光機構［出典：下村 脩著，光る生物の話，朝日新聞出版，2014，p.46］

る．ルシフェラーゼの性質はホタルの種類によって少しずつ違ってくる．そのため，黄緑，黄色，オレンジ色までホタルの光の色はさまざまである．また，ホタルの光は熱を発生しない．

　アミノ酸が一つ換わったルシフェラーゼでは，光の色が変化する．例えば，286番目にあるアミノ酸のセリンをアスパラギン酸に置き換えると，黄緑だった発光色は赤に変わる．発光前のエネルギーの高い状態から安定な状態に変化するとき，その差が大きいと放出するエネルギーが大きく，発光は波長の短い黄緑色になる．しかし，置換した変異型ではオキシルシフェリンが動く自由度があるために，エネルギーの一部が光ではなく熱振動として放出される結果，発光色は波長の長い赤色になる．遺伝子改変によって，288イソロイシンからメチル基を外して小さくしたバリンをもつルシフェラーゼ，さらにもうふたつメチル基を外したアラニンをもつ変異体のルシフェラーゼも作り出され，その効果が調べられた．イソロイシンより小さな構造をもつこれらの酵素は，オキシルシフェリンをしっかり包み込むことができないので，放出エネルギー差は小さくなり，バリン型ではオレンジ色に，アラニン型では赤く発光することが確認された．

　ホタルをはじめとする光る昆虫たちは，発光酵素のアミノ酸配列のわずかな違いで発光色の違いを演出している．ホタルの発光は効率がきわめて高く（エネルギーが光に変換される効率は 88% に達する），蛍光灯でようやく 20% であるのに比べても抜群のエネルギー効率のよさが魅力的である．この発光系を利用した基礎研究のほかダイオキシンの測定や食品衛生検査などの各種分析の手法の開発，癌の転移のメカニズムをルシフェラーゼを導入したガン細胞の発光現象を利用してリアルタイムで観察する研究も進んでいる．

まとめ　ゲンジホタルはお尻に近い部分に黄色く見える発光器を持ち，ルシフェリンという発光物質，ルシフェラーゼという酵素，ATP が結びついてアデニル化合物を生成する．アデニル化合物は酸素と反応してルシフェリン－AMP ができ，空気中の酸素と反応すると発光体であるオキシルシフェリンが生成され，体が赤色または黄緑色に光る．

《156》

62話　ウミホタルとホタルイカはどのように光るか？

　ウミホタルは体長3‐3.5 mm，夜行性で青く発光する．日本の太平洋沿岸に幅広く生息し，昼間は海底の砂中で生活し，夜間に遊泳して捕食や交配を行う．遊泳活動が盛んなのは春から秋にかけてで水温が低下するとあまり活動しなくなる．青色発光の目的は外敵に対する威嚇で刺激を受けると盛んに発光する．発光は仲間に危険を知らせるサインで，雄は求愛ディスプレイとしても発光を用いる．

　ウミホタルは，ホタルと同様にルシフェリンがルシフェラーゼの作用を受けて海中の酸素と反応することで発光する．ルシフェリンおよびルシフェラーゼは発光に関わる物質を指す一般的な名称でウミホタルの発光物質はウミホタルルシフェリンと呼ばれる．発光物質は上唇内の分泌腺で生成される顆粒に含まれ，必要に応じて分泌腺から発光物質を射出する．ウミホタルルシフェリンの発光機構を**図57**に示す．ルシフェリンのN原子2個を含む5員環のところに酵素が作用すると，海水中の酸素と反応してC原子とO原子からなる不安定な4員環ができ，それが二酸化炭素を放出して開環し，酸化ルシフェリンが生成され青色光が発生する．

　ホタルイカは全身が青白く光る，多くの謎につつまれた神秘的な生き物である．春に生まれて1年でその一生を終える．ホタルイカの発光の原理は，昆虫のホタルなどと同じ仕組みで発光することが分かっている．ホタルイカに限らず発光する生物はルシフェリンという発光物質をもっていて，そこにルシフェラーゼという酵

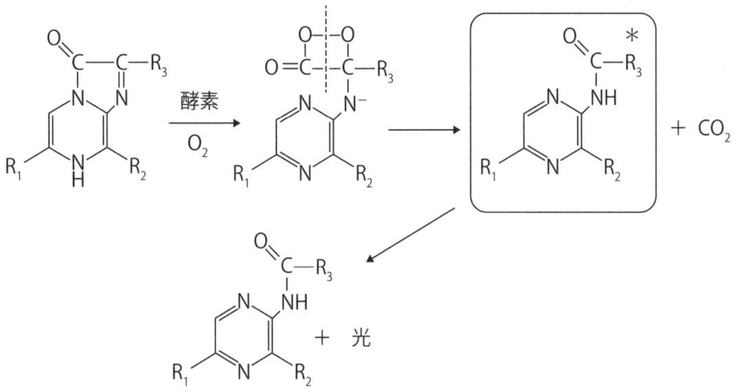

図57　ウミホタルルシフェリンの発光機構
　　　［出典：下村 脩 著，光る生物の話，朝日新聞出版　p.61を参考に作成］

素が働いて発光する．ホタルイカの場合はホタルイカルシフェリンと名づけられている．ホタルイカルシフェリンの発光機構は，図 57 のウミホタルの場合と同様に海水中の酸素と反応して C 原子と O 原子からなる不安定な 4 員環ができ，それが二酸化炭素を放出して開環し，酸化ルシフェリンが生成され青色光が発生する．

　ホタルイカの発光の理由は，主に外敵への威嚇と，外敵からのカモフラージュのためと考えられている．ホタルイカの珍しいところは，腕発光器，眼発光器，皮膚発光器の 3 種類で発光することである．腕発光器は外敵に対する目くらましのためで，一瞬強く光ることで残像を残して逃げるのである．ホタルイカの発光する光の波長には青，水色，緑の 3 つがあり，色の違いを使って仲間同士やオスとメスとの間で合図を送ったりしていると考えられている．

　ホタルイカの大群の発光が見られるのは日本中で滑川近くの富山湾に限られている．日中は沖合の 200〜600 m という深海に棲み，夜間に陸近くの海面近くまで上がってくるのは産卵や餌生物を追うためといわれている．富山湾で毎年 3〜5 月ごろを中心にこのホタルイカの集群が見られるのは，富山湾のすり鉢のような地形と海流の関係で岸近くまで流されるためといわれている．ホタルイカは 2 週間程度で孵化し，翌年 2 月ごろには交接シーズンを迎え，再び 4〜5 月ごろに産卵し，その一生を終えると考えられている．ホタルイカの発光は，真っ暗な海の中で，たくさんのホタルイカの群れが一面に青白く神秘的な光を出しながらきらめいている光景は幻想的で，富山の春の風物詩でもある．

　余談であるが，筆者は富山県滑川市に生まれ育ったので，少年のときに波打ち際でホタルイカを採った経験がある．4 月の早朝にバケツと虫取り網を持って出かけ，波打ち際で虫取り網ですくうとホタルイカが青白く光りきれいであった．バケツ一杯持ち帰ったが，砂が多く含まれていたので砂を取り除くのに苦労した．最近では，滑川市にほたるいかミュージアムができて生きたホタルイカの発光を見ることができるし，観光船に乗って青白く発光している大量のホタルイカが水揚げされる光景を見ることができる．

まとめ　ウミホタルとホタルイカはそれぞれ太平洋沿岸，日本海沿岸と生息する場所は違うが，発光器の中でルシフェリンという発光物質とルシフェラーゼという酵素が結びつくことで酸素と反応して発光体の酸化ルシフェリンを生成して青色に光る．ただし，名前は同じだがウミホタルとホタルイカのルシフェリンとルシフェラーゼの化学組成は異なる．

63話 モルフォチョウはなぜ鮮やかな青色か？

モルフォチョウは中央アメリカから南アメリカにかけて生息している大型のチョウで，生きた宝石とも呼ばれる．モルフォチョウの翅は，鮮やかな青色をしているが，これは色素によるものではなく，鱗粉表面に刻まれた格子状の構造による．これは構造色の代表例で，膨大な数の論文が発表され，発色原理に関するものから応用を目指した研究まで内容もさまざまである．

モルフォチョウの青色の発色原理に関して，多層膜干渉モデルや回折格子モデルなど微細構造の規則性に注目したモデルが提案された．しかし，実際には規則性だけでなく微細構造の不規則性も重要な役割を果たしている．

モルフォチョウの翅の上には鱗粉と呼ばれる大きさ $70 \times 150\ \mu m$ 厚さ数 μm 程度の小さな薄い板が，屋根瓦のようにびっしりと敷き詰められている．一枚の鱗粉を拡大すると，数多くのリッヂと呼ばれる青い筋が見える．リッヂの間隔はおよそ $1\ \mu m$ くらいである．走査型電子顕微鏡を用いて鱗粉のリッヂの断面を観察すると，**図58** のように木々が並んだ林，あるいは，本棚が左右に飛び出した棚のように見える．

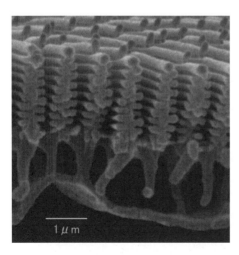

図58 鱗粉の棚構造の断面拡大像
　　［出典：（株）テクネックス工房ホームページ「タイニー・カフェテラス」］

この多層膜構造による構造色について，木下修一氏が著書で詳しく解説している．（モルフォチョウの碧い輝き，化学同人（2005））．そこでは，多層膜構造を棚構造と呼び，組織（クチクラ）の屈折率と棚の間隔のデータを用いて干渉によって強く反射する光の波長を 468 nm と計算し，青色に見えることを説明している．このとき，クチクラの屈折率（1.6）と空気の屈折率（1.0）の差が大きいので，層の数を増やさなくても反射率を高め，鮮やかな色になる．反射率を高めるには層の数を増やすのではなくて，棚構造間の距離

を小さくして密にすることが重要である．**図 58** で棚構造が密に林立しているのはそのためである．さらに，翅の青色の原因が構造色だとすると，翅をアルコールにつけると黄緑色になる結果も説明できる．アルコールの屈折率を 1.36 として同様の計算をすると，強く反射する光の波長は 561 nm となり黄緑色の実験結果と一致する．

　もう一つは，棚の幅を光の波長よりも小さくして光を効率よく回折させ，広い角度範囲で干渉した光を反射している点である．棚構造の各列は規則的に見えるが，正確には上下に差や傾きがあり，各列の光が干渉するほど規則的ではない．さらに，生物的なあいまいさで棚構造の向きにバラツキが生じている．各列の光が干渉されないことがどの方向から見てもきらきらと同じ青色だけが見える理由となっている．

　鮮やかな青色に見えるもう一つの理由は，色素をうまく利用していることである．モルフォチョウはメラミン色素を下層鱗の下部，棚構造のある下の面に持っている．構造色を示す上層鱗は色素がないために透明で，下層鱗はこげ茶色である．色素を持っている場所は棚構造のある下の面で，青色が反射されるのを邪魔しない仕組みになっている．色素の役割は背景を暗くすることで出したい色を強調している．

　モルフォチョウの構造色の特徴をまとめると，「規則性と不規則性の両立」，「構造色と色素との協調」と表される．前者に関しては，モルフォチョウは特定の波長の光を強く反射させることと，拡散光（指向性の少ない光）を発生させるという一見矛盾した要求を見事に調和させ実現している．

　構造色は，光の波長あるいはそれ以下の微細構造による発色現象を指す．身近な構造色には CD やシャボン玉などがある．構造色は，見る角度に応じてさまざまな色彩が見える．色素や顔料による発色と異なり，紫外線などにより脱色することがなく，繊維や自動車の塗装など工業的応用研究が進んでいる．

> **まとめ**　モルフォチョウの翅には鱗粉が敷き詰められ，鱗粉にはリッジという筋が走り，リッジの断面は多層の棚構造になっている．この多層膜構造による干渉によって青色を強く反射する．棚構造の各列は正確には不規則性があるので各列の光が干渉されず，かつ棚の幅を小さくすることで光を効率よく反射している．

64話　動物の体の色はどのように形成されるか？

　メラニン色素は表皮最下層のメラノサイトという色素細胞で生成される褐色から黒色の色素である．メラニン色素はアミノ酸のチロシンに由来する非常に安定な高分子で，動物や植物に広く分布している．メラノサイトはヒトでは 1 mm^2 当たり人種によらず約 1500 個ある．白色人種はメラニンが少なく，黒色人種は多い．日本人が属するモンゴロイド（黄色人種）はその中間である．

　メラニン色素の役割は，紫外線から細胞などの DNA を守ることで黒は光をさえぎる機能がある．ネグロイド（黒色人種）は多くのメラニンを持っているので紫外線に強く，コーカソイド（白色人種）はあまりメラニンを持っていないので紫外線に弱い．ヒトはアフリカを発生の起源としていて，光が強烈な環境であった．紫外線は皮膚に対し発癌作用があるので生存を脅かす．メラニンで皮膚を覆うことにより，紫外線の防御バリアを手に入れたのが元祖アフリカ人である．ヒトは紫外線の助けを借り，骨の発育に不可欠なビタミン D を皮膚で合成する．北ヨーロッパはアフリカと比べて極端に日光照射量が少なく，ビタミン D 欠乏症のリスクが高まり，乳幼児の骨格異常を起こす．北ヨーロッパのホモサピエンスは，メラニン色素の量を減らす進化を重ねて，過酷な環境に順応してきた．これが元祖ゲルマン人である．青い目をした欧米人がサングラスをかけるのは目を紫外線から保護するためである．世界で一番皮膚がんの発生頻度の高い国はイギリスからの移住者の多いオーストラリアで，3 人に 2 人が皮膚がんに罹るといわれる．

　動物界の中でもさまざまな色がある．動物も生きていくための手段として何らかの色を持っている．動物の体の色は皮膚の中の色素で決まる．メラニン（黒褐色），カロテノイド（黄色，オレンジ，赤），ビルベルジン（青）のように色素で決まるものや，光の干渉によって色がつくものがある．動物の皮膚や模様は，体が環境と見分けがつかなくなる隠蔽色と逆に目立つようにする標識色に分けられる．隠蔽色は背景に溶け込んで周囲から識別しづらくし，保護色ともいう．標識色には，警戒色，威嚇色，認識色，婚姻色がある．警告色は毒を持ち派手な色で外敵に警告する．威嚇色は毒を持っていないが，異常な色で外敵を威嚇する．認識色は仲間に存在を知らせる．婚姻色は繁殖時期を知らせる．

　カメレオンはトカゲの一種でアフリカなどに生息している．皮膚の色を環境に合わせて変化させて敵の目を欺き，身を守る動物として知られている．しかし，カメ

レオンは単に周囲の色に合わせて色を変えるだけではなく，驚き，光，温度，体調，気分など，さまざまな要因によって変化する．よく色が変化する種類のカメレオンは体調が悪いときや体温が低いときは，黒ずんだ色に変化し日光を吸収して体温を上げようとする．体温が高いときには，白っぽい色になって，日光を反射する．繁殖期の雄同士の争いなど，興奮しているときには，派手な色になる種類が多い．カメレオン同士のコミュニケーションの手段として色を変えて自分の気持ちを表現したりするので，カメレオンは非常に目がいい．発情色，婚姻色，妊娠色など，その時期にだけ見られる体色変化をする場合もある．カメレオンが周囲の色と同化する場合は，皮膚が周囲の風景の反射光にそのまま反応する仕組みで，目隠しをした状態でも周囲の風景と似た色に変化する．

　カメレオンの皮膚の下には白，赤，黄，黒などの色素細胞がある．その色素の粒をホルモンの働きによって動かして，どの色を目立たせるかが決まる．細胞全体に色素の粒を分散させればその色が目立ち，色素の粒を一か所に集めればその色は目立たなくなり，その細胞の下にある細胞の色が目立つようになる．こうした色素細胞が皮膚の表面から順に色ごとの層を形成していて，それらの発色の組み合わせによって，さまざまな色を表現している．一番外側には黄色の層，そしてその次に光を反射するグアニン層，内側のほうには白の層，そして，白い層の上下を移動できるメラニン色素を持った細胞の袋があるといわれ，赤や青の発色はこのグアニン層の働きによって説明されている．

まとめ　メラニン色素は黒褐色の高分子色素で動物や植物に広く分布している．ヒトは紫外線の発癌作用の防止のためメラニンで皮膚を覆っている．動物の皮膚の色には隠蔽色と目立つようにする標識色とがある．カメレオンは皮膚の色が変化するが，白，赤，黄，黒の色素細胞があり，色素の粒をホルモンの働きによって動かすことによって目立つ色を決めている．

コラム

昆虫の視力と色覚

　昆虫は複眼を持っている．個眼の数はイエバエ2 000個，ホタルのオス2 500個，トンボ2万個程度である．複眼は視界が広く図形認識能力を持つ．さらに少しの動きでも複数の個眼でとらえるため大きな動きとして見え，狩りで動く獲物を発見したり，天敵が襲ってきていることを察知したりするのに役立つ．ただし，昆虫はかなりの近眼で，推定視力はカマキリで0.03，アゲハで0.02，ミツバチで0.01である．昆虫は遠くを見る視力はないが，近くの動体視力にすぐれている．

　ヒトの色覚は網膜に含まれる赤・緑・青の3種類の錐体でなされるのに対し，ミツバチやハエなどの色覚は紫外・青・緑の3種類の視細胞でなされている．それぞれの視細胞にはオプシンタンパク質とレチナールの分子があって各波長の光に反応する．ミツバチが多く集まる花びらを紫外線で観察すると花びらの周辺部は紫外線を多く反射し，蜜のある中心部は紫外線を吸収している．それで，ミツバチは紫外線を反射しているものを目標に飛んできて，蜜のある場所を見つけることができる．アゲハチョウは紫外・紫・青・緑・赤・広帯域の6種類の視細胞がある．このうち広帯域に対応する視細胞には赤と緑に対応したオプシンタンパク質が同時に反応している．モンシロチョウは9個の視細胞がある．そのうちの一部は蛍光を発することが知られている．

第12章
植物と色

植物は季節によって若葉の黄緑色から緑へそして秋の赤または黄と変化する．花には多様な色があり季節や時間帯によってさまざまに変化する．この章では，葉の色変化の理由，アジサイやアサガオの花の色の変化，海藻がいろいろな色を持つ理由について述べる．

65話　黄緑色の若葉はなぜ日々緑色が濃くなるか？

　自然界で最も身近な色の一つは，草や木の葉の緑色である．春になれば黄緑色の若葉が芽吹き，日に日に生長を重ねて緑が濃くなっていくる．光合成は植物の活動のために必須な機能で，その中心的役割を果たしているのが葉の中にある葉緑素（クロロフィル）である．クロロフィルが太陽光のエネルギーを取り込んで，水と二酸化炭素からグルコースやデンプンなどを光化学的に合成して，植物の生長の源を作り出している．

　図59はクロロフィルの光合成活動と光の波長との関係を示したものである．クロロフィルが光合成に利用できる波長域は 400 ～ 700 nm で，人間の可視域にほぼ一致している．クロロフィルは太陽光から赤の光エネルギーを効率よく吸収するための色素である．その上，光エネルギーの収集効率を上げるためにわずかに極大吸収を換えた複数の色素が配置され，中心の色素分子に光エネルギーが集中するようになっている．クロロフィルによる光の吸収は 680 nm 付近の波長の光に吸収ピークがあり，光合成反応の中心的な役割をしている．クロロフィルの吸収スペクトルは，短波長域と長波長域が高く，中波長域が低い．葉面に降り注いだ太陽光の一部は反射され，残りが葉の内部に進入する．葉の内部に進入した光がクロロフィルに当たると，短波長光と長波長光はクロロフィルによって多くが吸収されて光合成に使われるのに対して，中波長光は吸収されにくいため，中波長光の多くが葉から再び

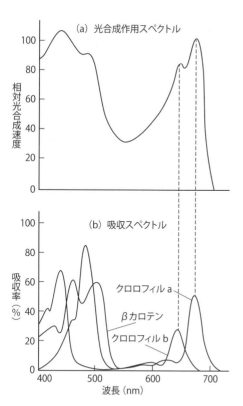

図59　葉の色素の吸収ベクトルと光合成スペクトル
［出典：シーシーエス（株）ホームページ］

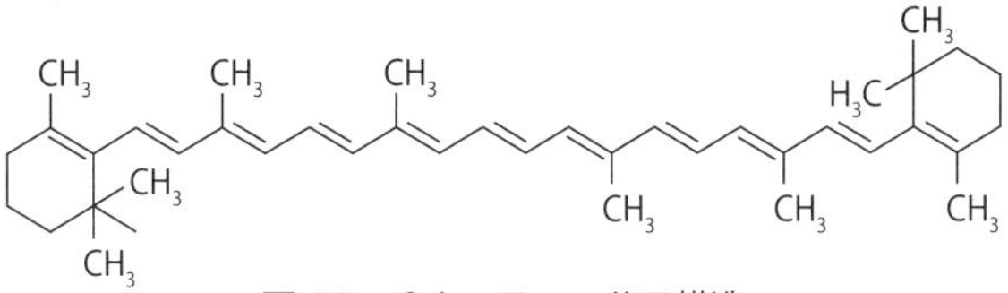

図60 βカロテンの分子構造

外部に放出される．可視光の中波長域の光は，私たちは緑色に感じるので，葉の色も緑色に見える．また，私達の眼の波長感度特性は，可視域中央部の感度が最も高いこともあって，葉の色はより一層明るく鮮やかな緑色に見えるのである．

クロロフィルの構造は，**図24**に示したように，ポルフィリン環からなり，マグネシウム金属が中心にある．しかし，金属イオンだけでは緑や赤にならないので，外側のポルフィリン環が共役二重結合を持っていて発色に重要な役割をしている．

新緑のころの葉は明るい黄緑色をしているが，夏になると緑色が濃くなる理由はなぜだろうか．葉にはクロロフィルのほかにもカロテノイドという色素も含まれている．カロテノイドは天然に存在する色素で，化学式 $C_{40}H_{56}$ の基本構造を持つ化合物の誘導体で，光合成を行う葉緑体には必ず含まれる．炭素と水素のみでできているものはカロテン類，それ以外を含むものはキサントフィル類という．βカロテンの分子構造を**図60**に示す．βカロテンは多くの共役二重結合が連なっている．βカロテンは400〜540 nmの領域の短波長域の光を吸収し中波長域や長波長域の光は反射または透過するため黄色く見える．新緑の葉の色が黄緑色に見えるのは，クロロフィルが十分作られていないために，カロテンとクロロフィルの両方の色素が寄与するためである．しかし，夏が近づくと植物は強い太陽光を利用して光合成を行なう．そのため葉のクロロフィルの色素の量が増えるのでカロテンの黄色が目立たなくなり緑色が濃くなる．そして，鮮やかな緑色であった葉の色は秋には黄色く色づく．草木の葉の晩年にはクロロフィルが分解されて，クロロフィルの緑色が目立たなくなる．そして，次第にカロテンの黄色，またはアントシアニンの赤が目立つようになって，黄葉または紅葉となるのである．

まとめ 植物の緑は葉の中に含まれているクロロフィルの色素による．新緑の葉が薄い黄緑色なのはカロテンという黄色の色素も含まれていて，クロロフィルの緑と重なるためである．夏になるにつれて緑色が濃くなるのは光合成を活発に行うためにクロロフィルの量を増やすので黄色の色素が目立たなくなるためである．

66話　秋になるとなぜ植物は紅葉または黄葉するか？

　日が長く暖かいとき葉は光合成によりグルコースやデンプンを作り出す．また葉の表面から水分を蒸発させることで葉の温度が上がり過ぎるのを防ぐとともに根からの水分の吸収を促す．どちらも植物にとって大切な機能である．しかし，夏から秋にかけて日が短くなり気温も下がってくると，植物は十分なエネルギーを得ることができなくなる．そこで植物は活動を抑え休眠状態に入ると葉は不要になる．そこで植物は光合成の装置などを分解して，葉に蓄えられた栄養を幹へと回収する．翌年の春にこの栄養は再利用される．栄養が十分に回収された葉では，植物ホルモンの1つであるエチレンの働きによって葉柄の付け根に水分を通さない離層という仕切りをつくり，枝から切り離す．これによって，無駄な水分やエネルギーが冬の間に消費されるのを防ぐことができる．植物の葉はカロテン色素などを使って光の害から自分自身を守る仕組みを備えているが，葉の老化過程ではカロテンを含むさまざまな分子が分解されるため，この過程を進める間も光による害から葉を守る．仕切りができると木と葉の間で養分が循環しなくなり，やがて葉が枯れ落ちる．葉と木のあいだで養分や水分が循環しなくなると，葉の成分が変わり，葉の色に変化が生じる．これが紅葉と黄葉のメカニズムである．

　植物の葉はふだんクロロフィルの色素のため緑色に見える．それは葉の中にあるカロテンの黄色の色素よりも緑色のクロロフィルの量が多いからである．しかし，活動を抑えて葉で養分をつくる必要がなくなると，この緑色の物質が分解されていく．そして葉には黄色の物質だけが残り黄色に黄葉するというわけである．カロテンはクロロフィルに比べて安定な化合物で，クロロフィルがなくなっても葉に残っているので葉は黄色に見える．イチョウなどは黄葉の代表的な例である．

　赤に紅葉するとき，葉の中ではどういう変化が起こっているのだろうか．緑色の物質がなくなり黄葉するまでは上と同じである．葉に離層という仕切りができたあと，葉には光合成で作られた糖分やタンパク質が残っている．この葉に残っている糖類から光合成を利用して新たな色素のアントシアニンができる．アントシアニンには，ペラルゴジニン，シアニジン，デルフィニジンの3系統の物質群があるが，いずれもポリフェノールである．アントシアニンの分子構造を**図61**に示す．アントシアニンは青，青緑，緑の光を吸収するので，赤に見える．クロロフィルやカロテンと違い，アントシアニンは水に溶けるので，細胞液にある．アントシアニンは

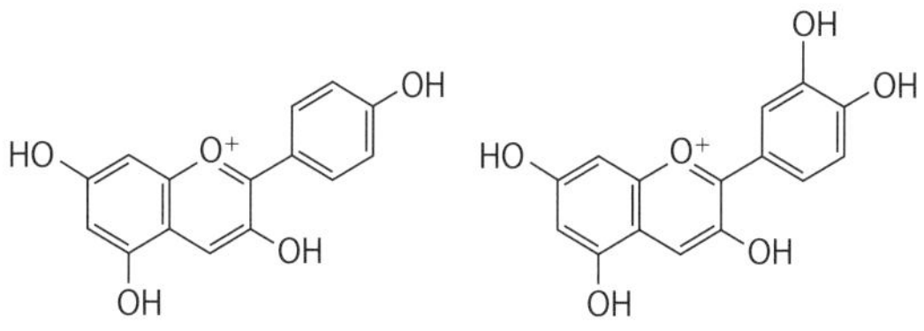

ペラルゴニジン　　　シアニジン　　　デルフィニジン

図 61　アントシアニンの分子構造

細胞液の pH に敏感で，酸性ならば赤，酸性が弱いと紫に変化する．リンゴの皮の赤，ブドウの紫がアントシアニンの色である．アントシアニンは細胞液に含まれる糖分とタンパク質の反応によって作られるが，糖分の濃度が高くないと反応は起こらない．この反応には太陽の光も必要なので，リンゴが熟して太陽の当たったところが赤くなるが，影の部分は緑のままである．そして黄色の物質より赤色の勢力が強くなるため葉が赤色に見える．

　紅葉が美しく見えるためには，朝晩の冷え込みと十分な日光が必要である．秋に一気に冷え込むことにより，緑色の物質が素早く分解され，蓄えられた糖分が，晩の冷え込みで一気に赤色に変わる．夜の温度が高いままだと葉の呼吸に糖分が使われうまく変色できない．これらの条件がそろうことにより，葉が鮮やかな赤や黄色になる．また，夏に十分な日光と水分を得て活発に活動すると，秋の温度差による緑の分解が促進される．空気の澄んだ冷え込みの厳しい山あいでは，美しく紅葉する条件がそろっている．

　紅葉，黄葉，褐葉の違いは，それぞれの色素を作り出すまでの葉の中の酵素系の違いと，気温，水分，紫外線などの自然条件による酵素作用の違いが，複雑にからみあって起こる現象である．褐葉も黄葉と同じ原理であるが，タンニン性の物質や，それが複雑に酸化重合したフロバフェンといわれる褐色物質の蓄積が目立つためとされる．黄葉や褐葉の色素成分は，多かれ少なかれ紅葉する葉にも含まれており，本来は紅葉するものが，アントシアンの生成が少ないと褐葉になることがある．

　なぜ紅葉があるのかの進化的要因については葉の老化に伴う副作用であると説明されてきた．近年，紅葉植物とそれに寄生するアブラムシ類の関係が調べられ，紅葉色が鮮やかであるほどアブラムシの寄生が少ないことが発見された．天敵であるアブラムシの嫌いな色が赤だという説がなされている．赤い色素が紫外線から葉を守るという説，赤い色素が寒さから葉を守るという説もある．クロロフィルが分解

されるときに有害物質が発生するが，その有害物質からカロテンやアントシアンが葉の細胞を守っているという説もある．

　日照時間が短くなり気温が下がるにつれて，根の水分を吸い上げる力が弱くなる．落葉樹の葉は面積が広いため水分が蒸発しやすいので，葉を落とすことで水分収支のバランスを図っている．乾燥する冬には葉の裏の気孔から水分を奪われてしまうため，葉があると植物全体が死んでしまうのである．そこで落葉樹は生育に不利な冬の時期は葉を落として休眠する．植物は根から必要なものを吸収するが，間違って吸い込んだ不要なものや老廃物を葉に蓄えておいて，年に一回捨てている．排泄された葉は木の根元にたまって，バクテリアなどに分解されて，植物の養分となる．肥料をやらなくても森林が育つのは，毎年落ち葉が供給されるからである．落葉するときは，葉の根元にオーキシンという物質が増え，これにより葉が老化して落葉しやすくなり，わずかな風でも散っていくのである．

> **まとめ**　植物の葉は葉の中にある黄色のカカロテンよりクロロフィルの色素が支配的なため緑色に見える．秋になると，緑色の物質が分解されて葉に黄色の物質だけが残るので黄葉する．さらに，葉に残っている糖類から光合成を利用して赤い色素のアントシアニンが合成されるので紅葉する．

67 話　花にはなぜさまざまな色があるか？

　野山に咲く花には白，黄，赤，紫，青とさまざまな色がある．植物は種を実らせるために花粉を雌しべに受粉させる必要がある．その仕事を昆虫や鳥にやってもらうために，花は目立つ色や形をしていたり，かぐわしい香りを漂わせたり，その奥深くに蜜を用意したりしている．花の色は植物が子孫を残すための装いなのである．植物が持つ代表的な色素は，フラボノイド，カロテノイド，ベタレイン，クロロフィルの4つがある．

　フラボノイドは黄色から青色まで幅広いさまざまな色を出す色素で，7 000種類以上の化合物が知られている．花の色を決める代表的な色素はフラボノイド系の中でもアントシアニンと呼ばれる化合物群である．アサガオ，カーネーション，ゼラニウムなどはフラボノイド系の花である．

　アントシアニンの色素の分子構造を図61に示した．赤紫色のシアニジンの構造は中央であるが，この右側のベンゼン環にOH基が加わるとデルフィニジン色素になって青紫色に，ベンゼン環からOH基を取り去るとペラルゴニジンという赤色の色素になる．このことは，OH基をアントシアニンのπ電子系に追加することによって色素の吸収が長波長側にシフトすることを示している．また，アントシアニンはpHが変化すると色が変化する．一般にpHが小さい酸性では赤色，pHが大きい塩基性では青色となる．

　カロテノイドは黄色から橙色，赤色の範囲の色を出す色素である．フラボノイドも黄色であるが，黄色い花の多くはカロテノイドによる．黄色のキク，バラやニンジンの成分などもカロテノイド系である．品種改良によってカロテノイドとアントシアニンを組み合わせた花を作ると，花の色を微妙に変えることができる．

　ベタレインは黄色から紫色を出す色素である．ベタレインはマツバボタン，サボテン，オシロイバナやキノコに含まれる色素である．これらの花はベタレインで赤色や紫色である．

　クロロフィルは緑色を出す色素で，植物の葉や茎にたくさん含まれている．花はつぼみのときにはクロロフィルを多く含んでいるので緑色をしている．花が咲く時期になると，フラボノイドやカロテノイドが作られるにつれて，クロロフィルが少なくなる．それで，緑色が失われて花の色が赤色や黄色となる．ただし，カーネーションのラ・フランスのように，クロロフィルが完全に消えずに，緑色の花を咲か

せるものもある．

　白い花には白い色素というものはない．多くの場合，無色からうすい黄色を現わすフラボン類またはフラボノール類の色素が含まれている．キク，カーネーション，バラなどの白花にはこの類の色素が含まれている．これらの花が白く見える理由は，光が細胞と細胞の間にある気泡のところで乱反射するからである．ヒトには白色に見えても，昆虫には認識できる色素を含んだ白い花もある．

　黒い花弁には黒い色素が含まれているわけではない．黒い色調は赤～青紫のアントシアニン，黄色のカロテノイド，緑のクロロフィルの組み合わせにより生まれる．カーネーション，ビオラやチューリップの黒色品種やクロユリはアントシアニンが多量に蓄積して黒色を発色している．アントシアニンの中でもデルフィニジン（青紫系）やシアニジン（赤紫系）を持つ色素が多量に含まれると黒色になる．色素だけではなく，花弁の表面の構造が色調に影響を与えている場合もある．バラの黒色品種と赤色品種では花弁の表皮細胞の構造が異なり，黒い花弁では赤い花弁よりも表皮細胞が小山が連なっているように細長くなっている．そのため，黒い花弁では表面に光が当たったときに陰影が濃くなり，黒味が増すと考えられている．

　花屋で売られている花は，交配による育種により改良されて花色の幅が広がり，野生の植物にはない色の花も見られる．最近では，遺伝子組換えにより交雑育種により従来にはできない花色も作られるようになった．花の色は，花弁の細胞に色素が蓄積することにより発現する．なお，酵素の働きは，遺伝子によってコントロールされているので，遺伝子の働きをコントロールすることにより，花の色を変えることができる．バラやカーネーションには青い色素を作るための酵素やその遺伝子がないので，この遺伝子をバラやカーネーションに入れることにより，青い色素を蓄積しているバラやカーネーションを作ることができる．

> **まとめ**　花の色の代表的な色素はフラボノイド系のアントシアニンで，黄色から青までの色を出す．カロテノイドは黄色～赤色の範囲の色を出す．白い花は花弁の細胞間に気泡で光が反射するため白く見える．黒い花は紫のアントシアニン，黄色のカロテノイド，緑のクロロフィルの組み合わせで黒く見える．

68話　アジサイの花はなぜ変化するか？

　アジサイは，アジサイ科アジサイ属の落葉低木で，6月から7月にかけて開花し，白，青，紫または赤色のガクが大きく発達した装飾花を持つ．ガクアジサイではこれが花序の周辺部を縁取るように並び，園芸では額咲きと呼ばれる．ガクアジサイから変化した，花序が球形ですべて装飾花となったアジサイは手まり咲きと呼ばれる．原産地は日本で，ヨーロッパで品種改良されたものはセイヨウアジサイと呼ばれる．

　アジサイは花の色がよく変わることから，七変化，八仙花とも呼ばれる．青色と紫色の花で樹高は1-2メートルである．葉は光沢のある淡緑色で葉脈のはっきりした卵形で，周囲は鋸歯状である．一般に花といわれている部分は装飾花で，おしべとめしべが退化しており，花びらに見えるものはガクである．私たちが見ているアジサイの花の大部分がガクにあたるところで，本当の花はがくの中心にできる小さなものである．

　アジサイの花色の変化の原因は，大きく分けて二つある．まず，最近人気の秋色アジサイと呼ばれるフェアリーアイや西安などは，秋まで長く開花していくうちに，鮮やかな花色がくすんだ緑色や赤色へと変わっていく．これは，花の中の色素が少しずつ分解されて起こる現象で，老化現象の一種である．アメリカアジサイとされるアナベルも白色から緑色へ，日本アジサイとされる「紅」も白色から深紅へと変化するのも同じ現象である．

　花の咲き始めのころは，花に含まれる葉緑素のため薄い黄緑色を帯びている．しかし，この葉緑素は次第に分解されるので，緑色は消えていき，代わってアントシアニンや補助色素（イソクロロゲン酸など）が生合成され，赤や青の鮮やかな花を咲かせる．これが過ぎると，また色変わりが始まる．きれいな青色は紫っぽくなり色があせたような感じになる．これは，花の中に有機酸が生成して酸性になったためである．このころになると，色素自体も少しずつ分解していってしまう．つまり，色変わりは，いわゆる花びらの老化の一種によって起こるのである．植物が年を取ってくると，多くの場合，細胞液の中の酸性物質などが徐々に増えてくる．

　もう一つは，土の酸性度（pH）による変化である．同じ場所で育てているのに年々色が変わるとか，同じ品種なのに場所によって色が違うという場合は，土のpHが影響して花色が変わっている証拠である．アジサイの花色は，アントシアニン系の

デルフィニジン色素（**図61**参照）が働いて，青色やピンク色が発色する．青色は，土中のアルミニウムが吸収され，色素と結合して発色する．逆に，アルミニウムが吸収されないと，ピンク色が発色する．アルミニウムは酸性土壌でよく溶け，アルカリ土壌では溶けない．だから，土を酸性にすれば青花になり，中性〜弱アルカリ性の土壌ではピンク花になる．中には土壌に関係なく両方の色にきれいに発色する品種もあるが，ほとんどは青花系品種を中性〜弱アルカリ性に近い土に植えてしまうと，赤みを帯びた紫色になる．また，ピンク花系品種は，酸性土壌に植えると青みを帯びた紫色になる．紫色は濁った色とされてしまうので，アジサイの生産農家は品種固有の色を判断して，その色をよりきれいに発色させるために土や肥料を調整している．日本は火山国で雨が多いため，土壌が弱酸性なので，青みの強いアジサイが普通であるが，外国では逆にピンク系統が多く，美しい藍色のものはあまり見られない．

同じ株でも部分によって花の色が違うのは，根から送られてくるアルミニウムの量に差があるためである．花色は花1gあたりに含まれるアルミニウムの量がおよそ40μg以上の場合に青色になると見積もられている．ただし品種によっては遺伝的な要素で花が青色にならないものもある．これは補助色素が原因で，もともとその量が少ない品種や，効果を阻害する成分を持つ品種は，アルミニウムを吸収しても青色にはならない．

花を青色にしたい場合は，酸性の肥料やアルミニウムを含むミョウバンや硫酸アルミニウムを与える．酸性土壌にするには培養土に酸性の強い赤玉土，ピートモスなどを混ぜ，アルカリ性土壌にするには腐葉土と石灰などを混ぜる．肥料でも窒素・リン酸が多くカリウムが少ないとピンク系に，窒素・リン酸が少なくカリウムが多いと青色系に傾くようである．お店に並ぶアジサイの中で，城ヶ崎やダンスパーティーなど，同じ品種なのに店頭では青色とピンク色の2色が並んでいることがある．これは生産農家が土を調節して，違う花色に仕立てているからである．また，白花系は色素を持たない品種なので，酸性・アルカリ性どちらの土でもよい．

㋮㋟㋙　アジサイの花の咲き始めのころは，葉緑素のため薄い黄緑色を帯びているが，アントシアニンや補助色素が生合成されピンク色や青の鮮やかな花を咲かせる．青は土中のアルミニウムと色素との結合による．アルミニウムは酸に溶け酸性の土壌では青に，中性や弱アルカリ性ではピンクになる．やがて，有機酸が生成して花びらが老化し色があせる．

69話　アサガオの花の色はどのように変化するか？

　アサガオはナス目ヒルガオ科サツマイモ属の植物である．同属なのでサツマイモの花はアサガオそっくりである．アサガオの花は夜の間に開花して，午前中に花の盛りは過ぎてしまう．花がしおれる時刻は品種によって違うが，古い系統に早くしおれるものが多いようである．近縁種では，ノアサガオは長持ちし，花弁の組織が厚いものが長持ちする．また，気温にも依存し，夏の間は早々としぼむが，秋になると長く咲いている．青色系のアサガオはしおれると赤くなるのでよく目立つ．

　花のしおれには植物ホルモンの一種であるエチレンが関与している．エチレンは果実の成熟など，植物組織の老化を促進する働きがある．花がしおれるのは，花弁の細胞がエチレンを作るからである．ノルボルナジエンや銀イオンはエチレンの発生を抑制する．切り花を挿した水にノルボルナジエンや硝酸銀溶液を加えることで，花のしおれを抑制できる．

　アサガオの花の色素はアントシアニンである．アントシアニンは分子構造は同じでも，溶液のpHによって色合いが変わり，酸性で赤く，塩基性で青くなる．植物の花弁の構造を**図62**に示すが，通常一番外側の細胞にだけ色素がある．アサガオの花びらも，表と裏側のそれぞれ一番外側の細胞にしか色素がない．アサガオの表と裏の一層目の細胞にある液胞のpHが花の開花からしぼむまでの間に変化するため，アサガオの花の色も変化する．咲くときにこの着色細胞の色素の入っている液胞のpHだけが上がる．これはとてもエネルギーを使うので，活き活きとした元気な細胞だけpHが上がる．そのときに，内側の無色の細胞の液胞のpHは上がらない．アサガオでは細胞内のpHが時間とともに大きく変化するので，それに伴い色が変化する．ヘブンリーブルーは蕾のときは赤紫であるが，開花すると鮮やかな青色になり，しおれると再び赤くなる．このとき，花弁細胞の液胞のpHを測定すると，赤紫の蕾のときは6.6，開花した蕾では7.7，しおれると，再びpHは酸性側になる．開花時に液胞のpH値が上がる理由は，開花時に元素の出し入れをする膜タンパクが活動し，水素イオンが外に出てナトリウムあるいはカリウムイオンが中に入るので表面の細胞だけ塩基性になるからである．

　青い朝顔は早朝に見られる．多くはお昼ごろにしおれてしまうが，夕方までしおれない種類もある．一例を挙げると，早朝はきれいな青い色，午前10時ごろに紫色，お昼ごろにはしぼみだして色はピンクに，午後1時ごろには花はしぼんできれい

なピンク色に変わる．

　アサガオなどの花の色の濃さはアントシアニンの含まれる量によって決まり，多く含まれるほど色が濃く鮮やかになる．ある研究グループは，アントシアニンの量が減ることで淡い色になったアサガオの突然変異体を見つけ，この突然変異体を調べることで，本来の濃い花の色を作りだしているタンパク質を探索した．その結果，アントシアニンの生産効率を高めて，花の色を濃くしているタンパク質が見つかり，EFP（フラボノイド生産促進因子）と名付けた．EFP が働くとアントシアンの生産効率を 3 倍程度に高めていた．EFP は多様な植物で同じように働いていることが示された．EFP タンパク質の研究を進めることで，アントシアニンやフラボノイドの含有量を多くしたり，少なくしたりすることで，新たな価値をもった花や果実の品種開発に応用されることが期待される．

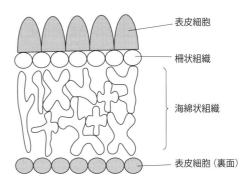

図 62　花弁の構造［ホームページ「マークの部屋」を参考にして作成］

> **ま と め**　アサガオの色は，早朝は青色，午前 10 時ごろに紫色，午後 1 時ごろに花はしぼんでピンク色に変わる．アサガオの花の色素はアントシアニンで，酸性で赤，塩基性で青くなる．花がしおれるのは，花弁の細胞がエチレンを作るからで，銀イオンなどエチレンの発生を抑制する物質を加えると花のしおれを抑制することができる．

70話　陸上植物は緑色なのに海藻はなぜいろいろな色を持っているか？

　陸上植物がほとんど緑色をしているのに対して，海藻は緑藻，褐藻，紅藻など名前も実際の色もさまざまである．これ以外に藍藻があるが，藍藻はシアノバクテリア（藍色細菌）とも呼ばれ，海水，淡水，陸上でも生息する藻類の一種である．海藻にいろいろな色がある理由は，陸上植物では，光合成のための光のエネルギーを集めるアンテナの役割を果たしている色素は主にクロロフィルなのに対して，藻類の場合は緑色のクロロフィルに加えて，フィコビリンという赤色の色素，キサントフィルという黄色から褐色に見えるカロテノイド系色素があるためいろんな色に見える．フィコビリンやキサントフィルは光合成色素なので，色の違いは直接光合成に影響を与える．

　陸上と違うのは，海中に届く光自体が深さなど環境によって大きく制限されることである．1 m程度の深さでは陸上とほとんど違わないが，水深10 mでは青が44 %，緑が17 %，赤や橙は0.3 %程度しか光が届かない．これは赤系統の光は水分子のO－Hの伸縮振動の倍音や結合音の振動などが寄与して水に吸収されるためである．水深の深い湖や海の色が青色に見えるのもそのためである．水中で光合成をする海藻類にとってはこれは死活問題である．さらに，沿岸域の海では上層の植物プランクトンによって緑色になるし，ゴミなどがたくさん浮いている汚い池では，今度は散乱によって赤い光環境になる．

　したがって，緑色の光環境では赤と青を主に吸収するクロロフィルしか持っていないと極めて不利になる．その場合，緑色の光を吸収できるフィコビリン色素を持っていれば生きていくうえで有利になる．このように，水の中の多様な光環境が，藻類の多様な色素をもたらしていると考えられる．

　海藻は緑色をしたものが緑藻類，褐色をしたものが褐藻類，紅色をしたものが紅藻類である．藍藻もその名の通り藍色をしている．この色の違いは，おおむね海藻の生えている場所の違いから生じるものである．水中深くになるにつれて届く太陽光の色が変化するので，海面に近い海藻ほど陸上の植物と同じように緑色が強く，深くなるほど赤みが強くなる．海藻は波打ち際からだいたい深さ50 mまでに分布しているが，上層から下層に向かって，緑藻類，褐藻類，紅藻類と分かれている．しかし，実際の分布はそれほど単純ではなく，紅藻類であるアサクサノリなどは浅

表 10　光合成色素の色と藻類が含む色素（◎は多量,○は中程度,△は少量）

色素	色素		色	緑藻	褐藻	紅藻	藍藻
クロロフィル	クロロフィル a, b		緑	◎	◎	◎	◎
カロテノイド	カロテン		橙黄	○	○	○	△
	キサントフィル	ルテイン	黄	○	—	○	—
		フコキサンチン	褐	—	◎	—	—
フィコビリン	フィコシアニン		青	—	—	△	◎
	フィコエリトリン		紅	—	—	◎	△
	アロフィコシアニン		赤紫	—	—	△	△

いところに生息または養殖されているし，ミルなどの緑藻類が水深 20 m の深いところに生息しているものもある．アサクサノリの仲間は紅藻類であるが，黒い色をしているので白色の光をほとんど吸収できる．それで浅いところのほうが太陽光を利用しやすいのである．

　光合成色素の色と藻類が含む色素を表 10 に示す．クロロフィルは緑藻類，褐藻類，紅藻類，藍藻類のすべての海藻類に含まれる光合成色素である．クロロフィルによる光の吸収は 400 および 700 nm 付近の波長で緑が欠けた領域にあるので，緑色に見える．褐藻類，紅藻類，藍藻類が緑色でないのはほかの色素があるためにクロロフィルの色が目立たなくなるためである．これらの藻類では，クロロフィルはほかの補助色素と協同して幅広い波長領域の光を利用して光合成を行なっている．

　藍藻や紅藻はフィコビリンと呼ばれる光合成色素を持っている．赤色のフィコエリトリン，赤紫色のアロフィコシアニン，青色のフィコシアニンの 3 種があり，それらがさらに集合して，フィコビリソームと呼ばれるアンテナのような巨大分子を形成する．フィコビリソームの組成は細胞の色を決定する主要因である．藍藻は赤色のフィコエリトリンの含量が相対的に小さく，細胞はフィコシアニンとクロロフィルにより青緑色を示し，フィコエリトリンを多く含む藍藻は赤褐色に見える．また海洋の深所に適応した紅藻類は，大量のフィコエリトリンを含むので青緑色光を効率的に吸収するため鮮やかな赤色である．褐藻ではフコキサンチンというキサントフィル色素を持っていて褐色を示す．

　フィコビリソームの主要な役目は，光エネルギーを吸収して光合成の反応中心へ渡すことである．さまざまなフィコビリタンパク質を持つことにより，細胞はクロロフィルのみでは吸収し得ない波長域（500〜650 nm）の光を光合成に利用する

ことができる．藻体に光が当たるとフィコビリソームが 530 nm 付近の緑色光を吸収し，最終的にはクロロフィル a にエネルギーを渡す．まず表層部のフィコエリトリンが緑色光を吸収し，フィコシアニンを介してエネルギー準位の低いアロフィコシアニンにエネルギーを渡し，さらにクロロフィル a へとエネルギーが伝達され，効率よく光合成される．

　生のノリはほとんど黒に近い色をしているが，火にあぶると緑色っぽくなる．ノリは紅藻の仲間でクロロフィルのほかにフィコビリンという色素を持つ．フィコビリンはクロロフィルが吸収できない緑色の光も吸収するため，焼く前のノリは黒く見える．軽くあぶったぐらいではクロロフィルはそのまま緑色を保てるが，フィコビリンは熱によって色を失う．そうするとノリは，残ったクロロフィルの色で緑色になる．ワカメをお湯に通すと，赤黒い色から緑色に変わる．ワカメは褐藻でフコキサンチンというキサントフィル色素タンパク質を持つが，湯通しをするとタンパク質が熱変性して色が失われるため赤黒い色が消える．

> **まとめ**　藻類ではクロロフィルに加え緑色の光を吸収する色素や褐色の色素を持つ．水深によって届く太陽光は変化するので，海面に近い海藻ほど陸上の植物と同じように緑色が強く，深くなるほど赤みが強くなる．紅藻や藍藻では緑色の光を吸収する色素が働いてクロロフィルの働きを補助するので深海でも効率よく光合成を行うことができる．

コラム

白い花と大根の色

　花の色の中で最も多いのが白で 30％以上を占めるそうである．その理由は昆虫が白い花を好むらしい．白い花の多くは潰しても白い液は出ず，たいていは淡い黄色か透明の液がにじむ．この淡い黄色はフラボノイド（フラボン系色素）である．では，白以外の色の花は見た目と同じ色の色素を持つのになぜ白い花だけが違うのだろうか．

　白い花には白い色素があるわけではない．花弁の内部は表面に表皮細胞があり，その内部に柵状組織とスポンジ状組織がある．スポンジ状組織には無数の気泡があり，花が元気に咲いていて細胞が活発なときは気泡が動いている．この気泡に光があたったとき，細胞と空気の屈折率が違うので，その境界で光がランダムに反射して，人の目には白く映る．白い花が枯れたら気泡がなくなって花びらが透明になる．

　大根は根の部分を主に食べるが，白い色をしている．これは白い色素があるわけではない．大根には無数の小さな孔があり，その部分に入った空気の界面で光が乱反射するために，私たちの眼には白く見える．
一方，大根を煮ると透明になる．煮ることによって水が大根の無数の孔に入り込んで空気を追い出してしまうため乱反射が起きなくなるためである．

　白い花が白く見える理由も大根が白く見える理由も原理は同じである．

色と光のはなし
科学の眼で見る日常の疑問

2017年9月15日　1版1刷発行	ISBN978-4-7655-4483-2 C1040

定価はカバーに表示してあります．

著　者	稲　場　秀　明
発行者	長　　滋　彦
発行所	技報堂出版株式会社
〒101-0051	東京都千代田区神田神保町1-2-5
電　話	営　　業　(03)(5217)0885
	編　　集　(03)(5217)0881
	ＦＡＸ　(03)(5217)0886
振替口座	00140-4-10
ＵＲＬ	http://gihodobooks.jp/

日本書籍出版協会会員
自然科学書協会会員
土木・建築書協会会員

Printed in Japan

©Hideaki Inaba, 2017

装丁：田中邦直　印刷・製本：愛甲社

落丁・乱丁はお取り替えいたします．

JCOPY　＜出版者著作権管理機構　委託出版物＞

本書の無断複写は著作権法上での例外を除き禁じられています．複写される場合は，そのつど事前に，出版者著作権管理機構（電話 03-3513-6969，FAX 03-3513-6979，e-mail:info@jcopy.or.jp）の許諾を得てください．

好評!! 稲場秀明先生の
"科学の眼で見る日常の疑問"シリーズ

　本シリーズは，日常のちょっとした疑問や普段何気なく見過ごしている現象を，科学の眼で見ることを意図して書かれたものです．日々身のまわりで起きる現象は，簡単のようで，なかなか説明が難しいものです．本書は，そのような現象を高校生でもわかりやすく，なおかつ原理にまで遡って解説しました．さまざまなトピックを2〜3頁でまとめておりますので，はじめから読み進めるのもよいですし，関心のあるトピックを拾い読みしても結構です．

第1弾 『エネルギーのはなし』 A5・208頁

エネルギーとは？／石炭が世界で多く使われるわけ？／自家発電の役割？／次世代の太陽光発電？／原子力発電の仕組み？／エネルギー貯蔵とは？／燃料電池とは？／変電所の役割は？／ハイブリット車とは？／なぜ水素エネルギーが注目されるのか？／火力発電の環境への影響は？／日本におけるエネルギー消費の構造は？／人体のエネルギー収支は？／再生可能エネルギーの未来は？　ほか全84話．

第2弾 『空気のはなし』 A5・212頁

空気は何からできている？／二酸化炭素の増加でなぜ温暖化？／風はなぜ吹く？／空はなぜ青い？／森の空気はなぜおいしい？／換気はなぜ必要？／カーブはなぜ曲がる？／飛行機はなぜ飛べる？／動物はなぜ空気がないと生きていけない？／着火と消火にはどんな方法がある？／高山病になるのはなぜ？／太鼓を叩くとどうして音が出る？／地球以外の惑星に空気はある？　ほか全87話．

第3弾 『水の不思議』 A5・192頁

氷はなぜ水に浮くか？／冷えた飲物の入ったコップの外側に水滴がつくのはなぜか？／霜や霜柱はどうしてできるか？／雲は何からできているか？／雪はどうして降ってくるか？／冷凍庫から出したばかりの氷に触るとなぜくっつくか？／氷はアルコールに浮くか？／水と油はなぜ混ざらないか？／氷に塩をかけるとなぜ温度が下がるか？／洗剤で洗濯するとなぜ汚れが落ちるか？／海水はなぜ塩辛いか？／どんな水をおいしく感ずるか？／淡水魚と海水魚は水分と塩分をどのように調節しているか？／サボテンはなぜ水が少ない環境で生きてゆけるか？　ほか全76話

第4弾 『色と光のはなし』 A5・190頁　本書